高等职业教育“十三五”规划教材

计算机应用基础实用指导

主 编 初 明 程宁宁
副主编 田 惠

中国轻工业出版社

图书在版编目（CIP）数据

计算机应用基础实用指导/初明，程宁宁主编．—北京：中国轻工业出版社，2019.6

高等职业教育“十三五”规划教材

ISBN 978-7-5184-2458-0

Ⅰ.①计…　Ⅱ.①初…②程…　Ⅲ.①电子计算机—高等职业教育—教材　Ⅳ.①TP3

中国版本图书馆CIP数据核字（2019）第073815号

策划编辑：张文佳

责任编辑：崔丽娜　　责任终审：张乃柬　　封面设计：锋尚设计

版式设计：王超男　　责任校对：吴大鹏　　责任监印：张　可

出版发行：中国轻工业出版社（北京东长安街6号，邮编：100740）

印　　刷：三河市国英印务有限公司

经　　销：各地新华书店

版　　次：2019年6月第1版第1次印刷

开　　本：787×1092　1/16　印张：10.75

字　　数：250千字

书　　号：ISBN 978-7-5184-2458-0　定价：28.00元

邮购电话：010-65241695

发行电话：010-85119835　传真：85113293

网　　址：http：//www.chlip.com.cn

Email：club@chlip.com.cn

如发现图书残缺请与我社邮购联系调换

181408J2X101ZBW

前 言 PREFACE

“计算机应用基础”是计算机的入门课程，属于公共基础课，是为学生提供计算机一般应用所必需的基础知识，是培养能力和素质的课程。它以素质教育为导向，引导、培养和提高学生的综合能力，最终达到符合高新技术应用型人才所应当具有的应用水平和能力。本书是与《计算机应用基础》配套使用的实验教材，包括实验篇和习题篇两部分。本书从实际操作出发，图文并茂地介绍了一些在实际教学与上机考试操作中的技巧和应用方法，内容翔实，操作步骤清晰，涉及面广，具有极强的可操作性和针对性。全书共分为2篇， 14章。第1篇是实验篇，系统地介绍了计算机基础知识、 Windows 7 文件管理、文字处理软件 Word 2010、电子表格处理软件 Excel 2010、演示文稿制作软件 PowerPoint 2010、数据库软件 Access 2010、 Internet 及其应用等内容。第 2 篇是习题篇，根据实验篇的内容，按章节精心选编了大量典型习题，作为对教材理论知识和基本操作的完善及扩充，以供学生在学习过程中进行自我测试。

本书由大连汽车职业技术学院初明、程宁宁担任主编，田惠担任副主编。本书吸收了计算机应用基础最新的理论知识和实践研究结果，是作者在参考了大量资料的基础上，结合近年来最新的计算机应用基础课程理论研究成果，编订的一本适合高等学校、高职院校、中职以及技校各专业学生学习的计算机配套教材。

由于作者水平所限，书中如有疏漏和不当之处，敬请专家、学者和广大读者批评指正。

编者

2018 年 12 月

目 录 | CONTENTS

第 1 篇 实验篇

第 2 篇　习题篇

第 1 篇

实　验　篇

第 1 章

计算机基础知识

实验 1-1 熟悉微型计算机的硬件系统

实验目的

(1)熟悉微型计算机的硬件配置及各部件的功能。

(2)了解微型计算机的外部设备接口。

(3)掌握微型计算机的开机、关机步骤。

实验内容

(1)熟悉微型计算机机箱的前面板和后面板。

(2)认识显示器、键盘、鼠标等外设，熟悉外设接口及其功能。

(3)打开机箱侧面板，了解微型计算机主机配置及各部件的功能。

(4)完成开机、关机操作。

实验步骤

1. 熟悉微型计算机机箱的前面板和后面板

(1)熟悉机箱前面板。结合机房实物(可参考图 1-1)，观察微型计算机的前面板，找到电源开关、复位开关、电源指示灯、硬盘指示灯，再观察有几个 USB 接口和音频接口。

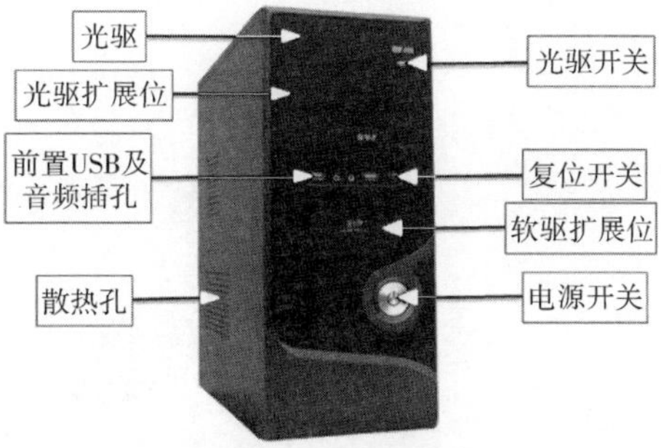

图 1-1 微型计算机机箱前面板

(2)熟悉机箱后面板。结合机房实物(可参考图 1-2)，观察微型计算机的后面板，找到常见的几种接口。

①连接显示器的显卡输出接口(VGA、DVI 或 HDMI 标准)。

②连接网线的网络接口。

③连接耳麦、机箱的音频接口。

④可连接键盘的 PS/2 接口(紫色),可连接鼠标的 PS/2 接口(绿色)。

⑤再观察有几个 USB 接口(可连接具有 USB 标准接口的各种外设,如键盘、鼠标、打印机、扫描仪等)。

⑥LPT 接口(可连接具有并口标准的打印机或扫描仪)。

说明:目前有的微机主板上支持一个键盘和鼠标通用的 PS/2 接口,独立显卡或集成显卡支持 VGA、DVI、HDMI 等多种接口标准,如图 1-3 所示。

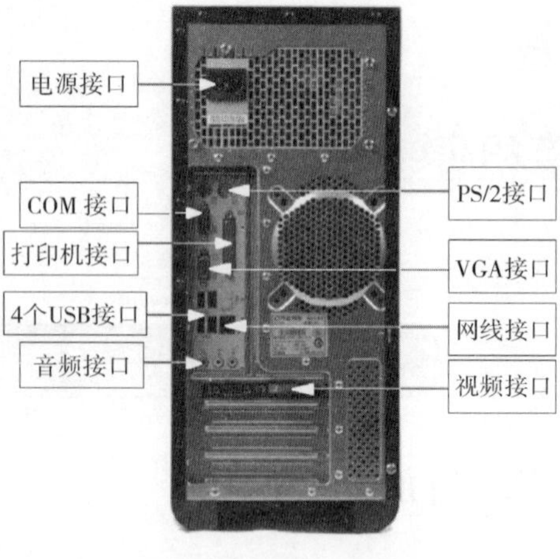

图 1-2 微型计算机机箱后面板

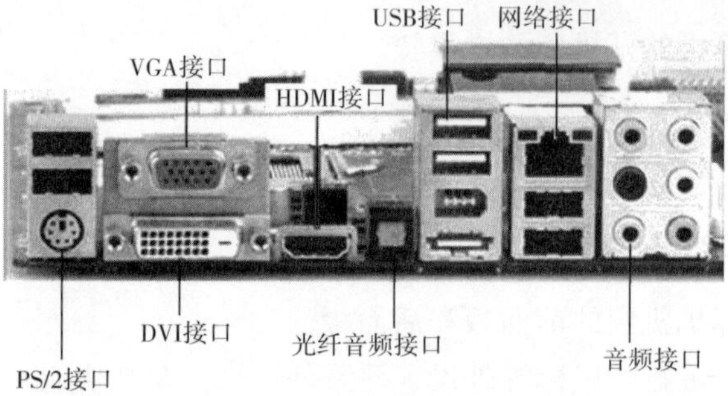

图 1-3 主板接口示例

2. 认识显示器、键盘、鼠标等外设,熟悉外设接口及其功能

(1)认识显示器。观察显示器及其与机箱后面板的连接,认清显示器是 CRT 显示器还是液晶显示器,找到显示器电源开关、电源指示灯,观察显示器的视频接口是 VGA、DVI 还是 HDMI 标准。

(2)认识键盘和鼠标。观察键盘和鼠标及其与机箱后面板的连接,确定键盘、鼠标插头的接口标准是 PS/2 还是 USB(可参考图 1-4)。

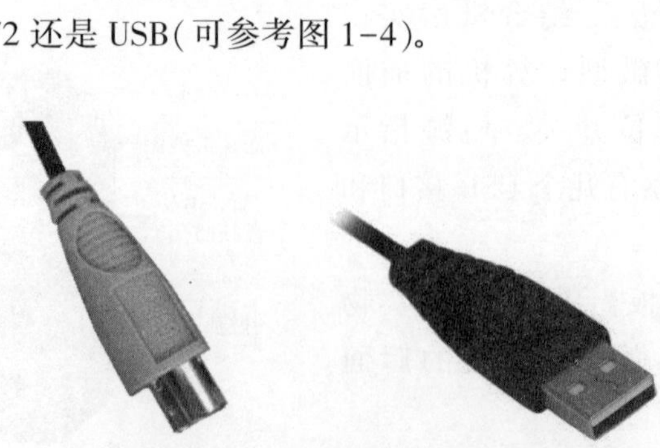

(a) PS/2标准 (b) USB标准

图 1-4 键盘、鼠标插头

3. 了解微型计算机主机配置及各部件的功能

(1)了解机箱内部结构。 打开机箱侧面板(可参考图 1-5)，找到主板、光驱、硬盘、电源。

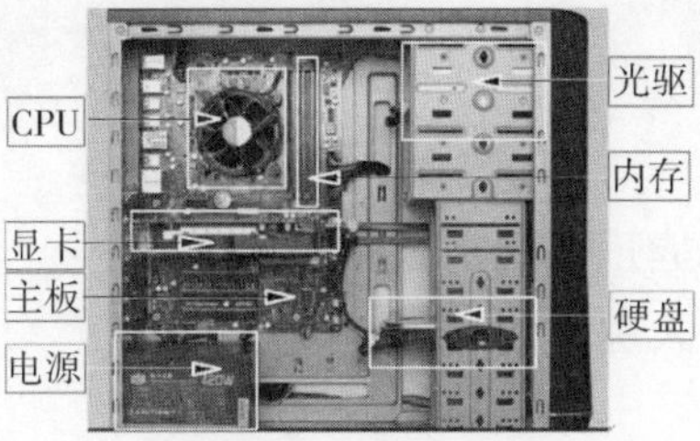

图 1-5 机箱内部结构

(2)认识主机硬件配置。 观察主板，找到主板上的 CPU、CPU 风扇、内存条、显卡。

4. 开机、关机操作

(1)开机操作。 先打开显示器及其他外设的电源开关，观察显示器电源指示灯亮起，后按下机箱前面板上的电源开关，计算机进入自检及启动状态，观察硬盘指示灯和主机电源指示灯亮起，启动成功后，显示器屏幕上出现 Windows 7 操作系统桌面。

(2)关机操作。 Windows 7 的关机操作方法有多种，这里暂且介绍一种：按下键盘上的 Windows 徽标键，弹出“开始”菜单，如图 1-6 所示，用鼠标单击“关机”按钮即可关闭计算机。 关机后，关闭显示器及其他外设的电源开关。

图 1-6 “开始”菜单

实验 1-2　键盘打字练习

实验目的

(1)熟悉键盘的布局，掌握正确的指法位置。

(2)熟练掌握中、英文输入法。

实验内容

(1)熟悉键盘布局。

(2)掌握键盘指法。

(3)英文录入练习。

(4)中文录入练习。

实验步骤

1. 键盘布局

键盘是计算机最基本、最常用的输入工具之一。最常用的计算机键盘有 104 个按键，除此之外，还有 101 个键和 107 个键的键盘。

Windows 键盘主要分为 5 个区：功能键区、主键盘区、编辑键区、状态指示区、辅助键区，如图 1-7 所示。

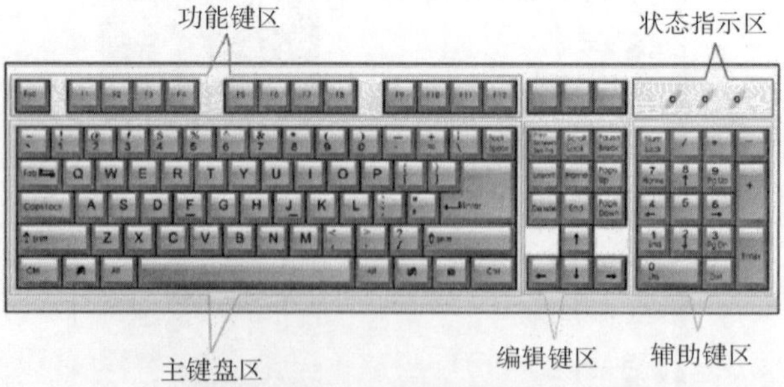

图 1-7　键盘分区

主键盘区：主要由 26 个英文字母键，0~9 十个数字键，21 个双字符键，以及很多功能键组成。

空格键：键盘上最长的键。用于向计算机输入空格。

回车键：标有【Enter】的键。当执行命令或编辑文档换行时使用。

字母锁定键：按一下【Caps Lock】键，状态指示区的“Caps Lock”指示灯亮，键盘进入大写字母输入状态；再按一下该键，“Caps Lock”指示灯灭，键盘进入小写字母输入状态。

换挡键：主键盘区左右两侧各有一个标有【Shift】的键。

键帽上标有两个字符的键，称为双字符键。输入双字符键上方的符号时需要使用该键。

跳格键：在主键盘区的左侧有一个【Tab】键。在编辑文档时，按一次【Tab】键，光标可以移动几个空格或移到指定的位置。

退格键：标有【Backspace】的键。按一次该键，可以删除光标左边的一个字符，并使光标向左移动一个位置。

删除键：标有【Delete】的键。按该键可以删除光标后面的字符。

功能键区：在键盘上标有【F1】~【F12】的键称为功能键。在不同的软件中，它们有不同的功能。通常情况下，单击【F1】键可得到软件的一些帮助信息。

数字锁定键：标有【Num Lock】的键。按一次该键，状态指示区“Num Lock”灯亮才能输入数字。灯灭的时候，不能输入数字。

2. 键盘指法

(1)基本键指法。主键盘区是平时最常用的键区，通过它可实现各种文字和信息的录入。主键盘区有 8 个基本键，如图 1-8 所示。其中【F】键和【J】键上各有一个小横杠，可帮助盲打时定位。

图 1-8　8 个基本键

开始打字前，左手小指、无名指、中指和食指应分别放在【A】、【S】、【D】、【F】键上，右手的食指、中指、无名指和小指应分别放在【J】、【K】、【L】、【；】键上，两个大拇指则放在空格键上。这就是打字时手指所处的基准位置，击打其他任何键，手指都是从这里出发，而且打完后应立即退回到基本键位。

除了基本键外，凡是与基本键在同一左斜线上的键属于同一区，用同一手指来管理，如图 1-9 所示。

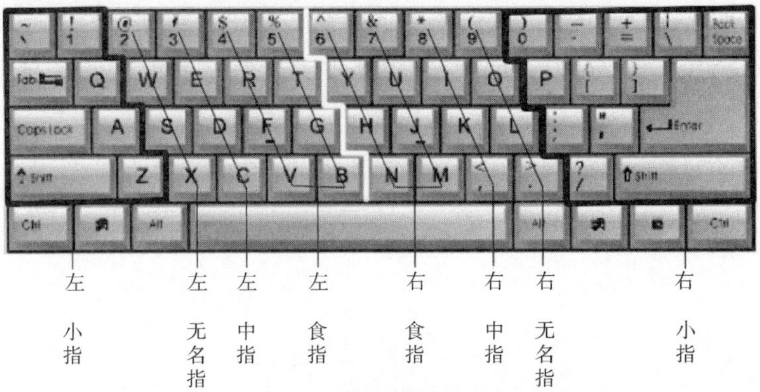

图 1-9　其他键手指分工

(2)打字注意事项。 敲击键盘时，要采取正确的姿势和方法，只有操作方法正确，才不会引起疲劳和错误。

①熟悉手指键位分工，打字时，全身要自然放松，腰背挺直，上身稍离键盘，上臂自然下垂，手指略向内弯曲，自然地放在对应键位上。

②打字时不要看键盘，即盲打，凭手感去体会每一个键的准确位置。

3. 英文录入练习

启动写字板，分别进行如下练习：

打开“写字板”程序，单击桌面的“开始”按钮，从弹出的“开始”菜单中选择“写字板”，录入以下英文。

When you think of the tremendous technological progress we have made， it’s amazing how little we have developed in other respects. We may speak contemptuously of the poor old Romans because they relished the orgies of slaughters that went on in their arenas. We may despise them because they mistook these goings on for entertainment. We may forgive them condescendingly because they lived 2000 years ago and obviously knew no better. But are our feelings of superiority really justified? Are we any less blood-thirsty? Why do boxing matches, for instance， attract such universal interest? Don’t the spectators who attend them hope they will see some violence? Human beings remains as blood-thirsty as ever they were. The only difference between ourselves and the Romans is that while they were honest enough to admit that they enjoyed watching hungry lionst earing people apart and eating them alive，we find all sorts of sophisticated arguments to defend sports which should have been banned long ago；sports which are quite as barbarous as say public hangings or bearbaiting.

4. 中文录入练习

(1)单击任务栏上的“输入法”按钮，弹出如图 1-10 所示的输入法列表。

(2)选择任意一种汉字输入法，录入下面汉字。

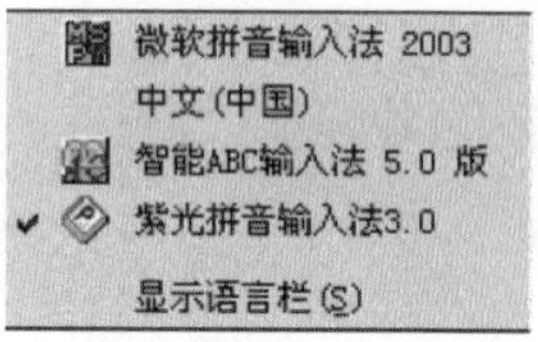

图 1-10 输入法

以前的网页大多数都是使用 HTML 语言进行手工编写,因此一般都只有比较专业的网页设计人员才能制作出较好的网页。随着计算机技术的不断发展,目前的网页制作不再需要手工编写文件了,通过“所见即所得”的网页编辑器,就可以轻松方便地制作出漂亮的网页。

Dreamweaver 是网页三剑客之一,网页三剑客是目前最常用的网页制作工具,这三个软件相辅相成,配合衔接合理。本书后续内容也是通过网页三剑客对网页进行编写的,Dreamweaver 是集网页制作和网站管理于一体的专业网页编辑器,它是针对专业网页设计师特别开发的可视化网页开发工具,其接口广泛,能轻易地与其他超文本标记语言编辑工具完美结合。Dreamweaver 还具有制作效率高、网站管理方便、模板丰富、网页呈现力强等特点,是专业的网页设计人员首选的工具之一。

第2章

Windows 7 文件管理

实验 2-1　Windows 7 的基本操作

实验目的

(1)熟悉 Windows 7 的工作桌面。

(2)掌握 Windows 7 的桌面元素的操作。

(3)掌握窗口的基本操作。

实验内容

(1)对桌面元素进行设置与排列。

①改变桌面图标的大小。

②改变桌面图标的位置，然后以不同的方式排列目标。

③创建一个快捷方式图标。

(2)对任务栏进行更改与设置。

①改变任务栏的宽度。

②改变任务栏的位置。

③隐藏任务栏。

(3)对窗口进行各种操作。

①打开、最小化、最大化，还原、关闭窗口。

②改变窗口的大小。

③对多个窗口进行移动、切换、排列。

实验步骤

1. 对桌面元素进行设置与排列

(1)启动计算机，进入 Windows 7 桌面，观察桌面元素。

(2)在桌面的空白位置处单击鼠标右键，在弹出的快捷菜单中选择“查看”/“大图标”命令，观察桌面元素的变化。

(3)重复刚才的操作，在快捷菜单中选择“查看”/“中等图标”命令，再次观察桌面元素的变化。

(4)继续重复刚才的操作，在快捷菜单中选择“查看”/“小图标”命令，观察桌面元素的变化。

(5)在桌面的空白处单击鼠标右键，在弹出的快捷菜单中选择“查看”/“自动排列图标”命令，取消该命令前面的“勾选”符号。

(6)将光标指向任意一个桌面图标，拖动鼠标就可以改变图标在桌面上的位置。

(7)再次单击鼠标右键，在快捷菜单中选择“查看”/“自动排列图标”命令，这时图标又整齐如初地排列起来。

(8)在桌面的空白处单击鼠标右键，在弹出的快捷菜单中选择“排序方式”命令，然后在子菜单中分别选择“名称”“大小”“项目类型”和“修改日期”命令，观察图标排列情况。

(9)在桌面的空白处单击鼠标右键，在弹出的快捷菜单中选择“新建”/“快捷方式”命令，在弹出的“创建快捷方式”对话框中单击 浏览(R)... 按钮，指定一个目标文件，然后单击 下一步(N) 按钮，就可以完成快捷方式的创建，如图 2-1 所示，这时桌面上将出现一个快捷方式图标。

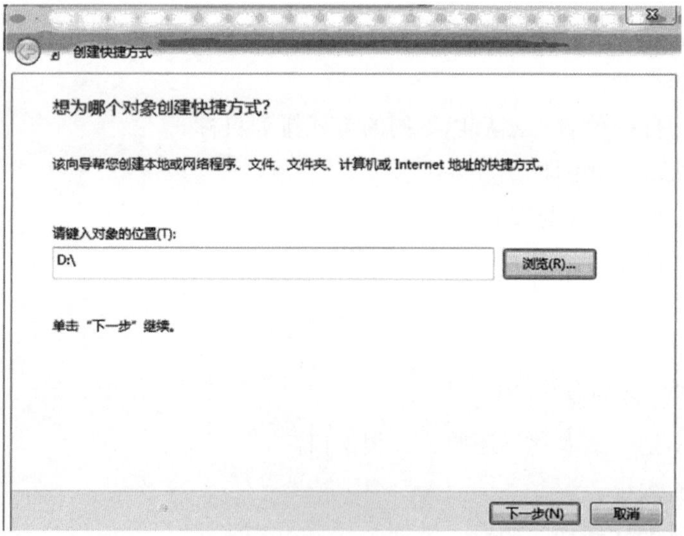

图 2-1 “创建快捷方式”对话框

2. 对任务栏进行更改与设置

(1)在任务栏的空白处单击鼠标右键，在弹出的快捷菜单中选择“锁定任务栏”命令，可以取消锁定状态。

(2)将光标指向任务栏的上方，当光标变为“↕”形状时向上拖动鼠标，可以拉高任务栏，如果任务栏过高，可以压低任务栏。

(3) 将光标指向任务栏的空白处，按住鼠标左键将其向窗口右侧拖动，当看到出现一个虚框时释放鼠标，任务栏将被调整到桌面的右侧。用同样的方法，可以将任务栏调整到桌面的其他位置。

(4) 在任务栏的空白处单击鼠标右键，在弹出的快捷菜单中选择“属性”命令，打开任务栏和“开始”菜单属性对话框，选择“自动隐藏任务栏”选项，然后单击“确定”按钮，此时任务栏是隐藏的，当光标滑向任务栏的位置时任务栏才会出现。

3. 对窗口进行各种操作

(1) 在桌面上双击“计算机”图标，打开“计算机”窗口，分别单击右上角的“最小化”按钮、“最大化”按钮、“还原”按钮，观察窗口的变化。

(2) 单击右上角的“关闭”按钮，然后再重新打开“计算机”窗口。

(3) 将光标移到窗口边框上或者右下角处，当光标变成指向箭头时按住鼠标左键拖动鼠标，观察窗口大小的变化。

提示：当窗口处于最大化或最小化状态时，既不能移动它的位置，也不能改变它的大小，这是要特别注意的问题。

(4) 将光标指向窗口地址栏上方的空白处，按住鼠标左键并拖动鼠标，观察窗口的变化。

(5) 在桌面上双击“回收站”图标，打开“回收站”窗口。

(6) 观察任务栏可以看到“计算机”和“回收站”两个长按钮，分别单击这两个按钮，观察窗口的变化。

提示：Windows 7 是一个多窗口操作系统，可以同时打开多个窗口，每打开一个窗口，任务栏上都将产生一个按钮。但无论打开多少个窗口，都只能对一个窗口进行操作。这个被操作的窗口称为“当前窗口”或“活动窗口”。

(7) 在任务栏的空白处单击鼠标右键，在弹出的快捷菜单中分别选择“层叠”窗口、“堆叠显示”窗口和“并排显示”窗口命令，观察窗口的排列情况。

实验 2-2　文件与文件夹的管理

实验目的

(1) 掌握文件夹的创建方法。

(2) 掌握文件夹的复制、移动方法。

(3) 掌握文件夹的删除方法。

实验内容

(1)在E盘创建“大学军训”和“喜欢的歌曲”两个文件夹，在“喜欢的歌曲”文件夹中新建“内地”和“港台”两个文件夹。

(2)在“喜欢的歌曲”中创建Word文档，命名为“主题曲歌词”。

(3)选取文件和文件夹。

(4)将“大学军训”文件夹分别复制和移动到目的地。

(5)重命名文件和文件夹。

(6)将Word文档“主题曲歌词”和“内地”“港台”两个文件夹删除到“回收站”。

(7)将已删除的Word文档“主题曲歌词”从“回收站”恢复到原地。

(8)将“港台”文件夹彻底删除。

实验步骤

1. 新建文件夹

(1)在桌面上双击“计算机”图标→打开“本地磁盘(E:)”，单击右键在弹出的菜单中选择“新建”→“文件夹”，命名为“大学军训”。

(2)在桌面上双击“计算机”图标→打开“本地磁盘(E:)”，在主菜单上单击“文件”→“新建”→“文件夹”，如图2-2所示，将此文件夹命名为“喜欢的歌曲”。

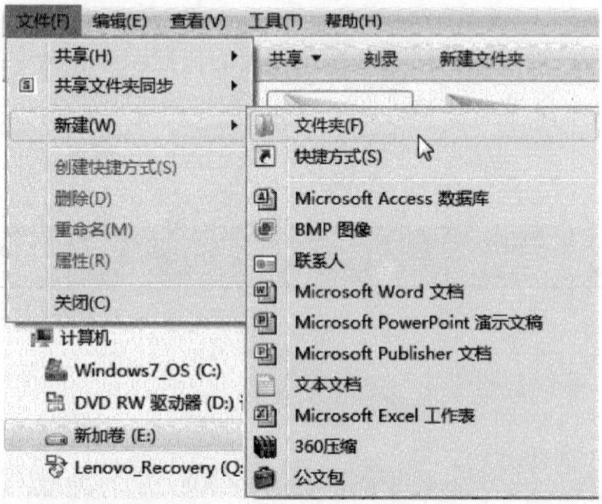

图2-2 新建文件夹

(3)双击“喜欢的歌曲”，打开文件夹，使用上面的方法建立两个新的文件夹，并分别命名为“内地”和“港台”。

2. 新建文件

双击进入“喜欢的歌曲”文件夹，右击文件夹中的空白处，在弹出的菜单中选择“新建”→“Microsoft Word 文档”，如图 2-3 所示，直接命名为“主题曲歌词”；或者右击该 Word 文档图标，在弹出的快捷菜单中选择“重命名”命令，重命名该文档。修改文件名时注意不能破坏原文件的类型。

图 2-3 新建 Word 文档

3. 选取文件和文件夹

(1) 选取单个文件或文件夹。要选定单个文件或文件夹，只需用鼠标单击所要选定的对象即可。

(2) 选取多个连续文件或文件夹。鼠标单击第一个所要选定的文件或文件夹，按住【Shift】键，再单击最后一个文件或文件夹；或者用鼠标拖动，绘制出一个选区，选中多个文件或文件夹。

(3) 选取多个不连续文件或文件夹。按住【Ctrl】键，再逐个单击要选中的文件或文件夹。

(4) 选取当前窗口全部文件或文件夹。使用主菜单“编辑”→“全部选中”命令；或使用组合键【Ctrl】+【A】完成全部选取的操作。

4. 复制、移动文件和文件夹

(1) 复制文件或文件夹。首先选定要复制的文件或文件夹，然后右击，在弹出的快捷菜单中选择“复制”命令。选定目标文件夹“大学军训”，单击主菜单“编辑”→“粘贴”或使用组合键【Ctrl】+【V】或右击选定对象选择“粘贴”。

也可使用鼠标实现“复制”操作，同一磁盘中文件或文件夹的复制则只需选中要复制的对象，按【Ctrl】键再拖动选定的对象到目标地即可；不同磁盘中的复制，可直接拖动选定的对象到目标地。

(2) 移动文件或文件夹。选定要剪切的文件或文件夹，单击主菜单“编辑”→“剪切”或使用组合键【Ctrl】+【X】或右击选定对象选择“剪切”；选定目标文件夹“大学军训”，单击主菜单“编辑”→“粘贴”或使用组合键【Ctrl】+【V】或右击选定对象选择“粘贴”。

也可使用鼠标拖动的办法实现移动，同一磁盘中的移动，可直接拖动选定的对象到目标地；不同磁盘中的移动，可选中要移动的对象按【Shift】键再拖动到目标地。

5. 重命名文件和文件夹

(1)选中要更名的文件或文件夹，然后右击，在弹出的菜单中选择“重命名”命令，输入新名称，如“2019级新生军训照片”。

(2)选中要更名的文件或文件夹，使用鼠标连续两次单击，输入新名称也可实现重命名。

6. 删除文件和文件夹

(1)删除文件到“回收站”。单击文件“主题曲歌词.docx”，然后单击鼠标右键，在右键菜单中选择“删除”按钮，或者单击文件“主题曲歌词. docx”，直接按键盘上的【Del】或【Delete】键删除文件。在弹出的“确认文件删除”对话框中选择“是”完成删除，此时选择“否”则取消本次的删除操作。

(2)用同样的方法选中“内地”和“港台”两个文件夹，删除文件夹。在弹出的“确认文件夹删除”对话框中单击“是”，按钮即在原位置把文件夹“内地”和“港台”删除并放入回收站，单击“否”则取消删除操作。

(3)删除文件和文件夹也可以利用任务窗格和拖拽法来实现。

7. 恢复被删除的文件

(1)打开“回收站”。在桌面上双击“回收站”图标，打开“回收站”窗口。

(2)还原被删除文件。在“回收站”窗口中选中要恢复的“主题曲歌词. docx”文件，单击“还原此项目”，还原该文件。也可以右击选中的对象，在出现的快捷菜单中选择“还原”即可，如图2-4所示。

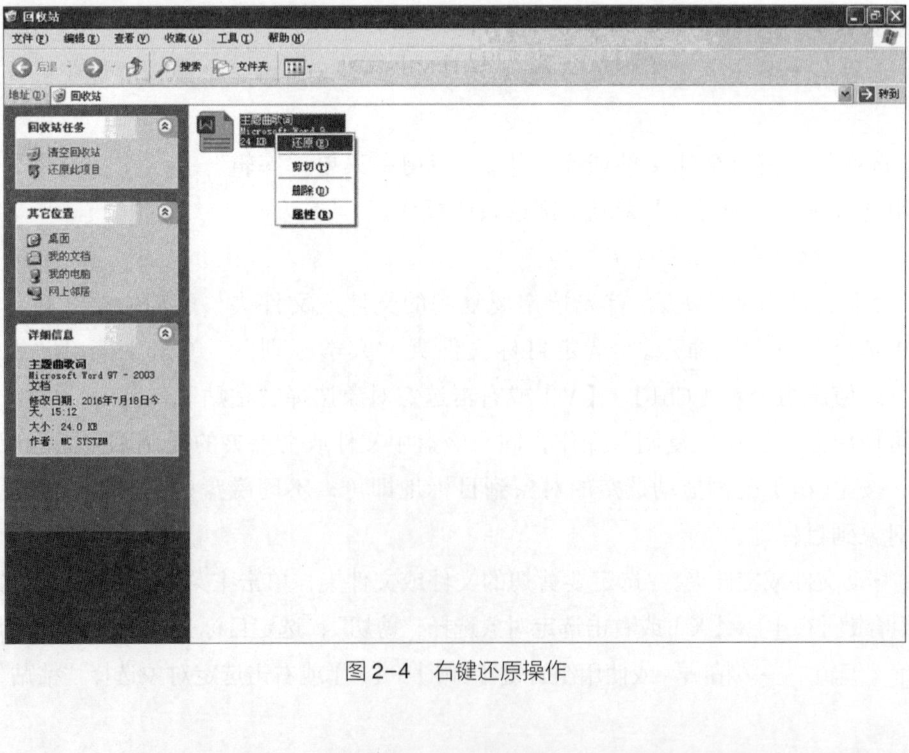

图2-4 右键还原操作

8. 彻底删除

在“回收站”中选中“港台”文件夹，然后右击，在出现的快捷菜单中选择“删除”命令即可。 若要删除回收站中所有的文件和文件夹，则在空白处右击，选择“清空回收站”命令。

实验 2-3 创建新的账户

实验目的

(1) 掌握创建新账户的方法。

(2) 学会管理账户。

实验内容

(1) 创建一个名称为“小明”的新账户。

(2) 对该账户进行管埋操作。

①设置账户密码为 123456。

②更改账户图片。

③删除账户。

实验步骤

1. 创建一个名称为“小明”的新账户

(1) 启动 Windows 7 操作系统。

(2) 在桌面上双击“控制面板”图标，或者在“开始”菜单中单击“控制面板”命令，打开“控制面板”窗口。

(3) 单击“用户账户”下方的“管理其他账户”文字链接，打开“管理账户”窗口。

(4) 在“管理账户”窗口的下方单击“创建一个新账户”文字链接。

(5) 在打开的“创建新账户”窗口中输入新账户名称“小明”，并选择“标准用户”类型，如图 2-5 所示。

(6) 单击“创建账户”按钮，创建一个新用户。

2. 对新账户进行管理操作

(1) 双击刚刚创建的新用户“小明”，进入用户管理窗口，如图 2-6 所示。

(2) 单击“创建密码”文字链接，进入“为小明的账户创建一个密码”页面，输入密码需要确认一次，每次输入时必须以相同的大小写方式输入，在这里输入“123456”，如图 2-7 所示。

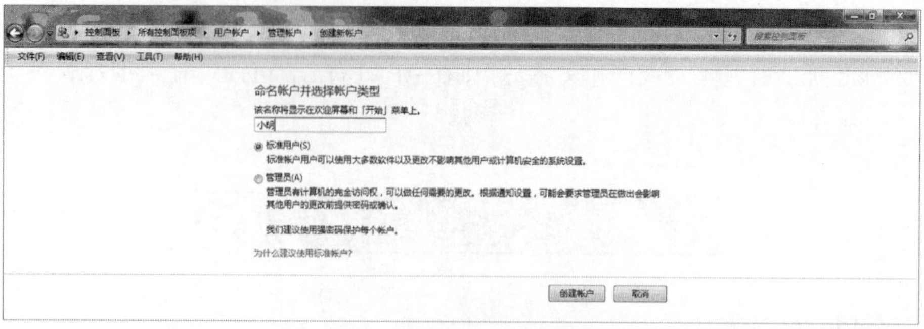

图 2-5　命名账户并选择账户类型

图 2-6　用户管理窗口

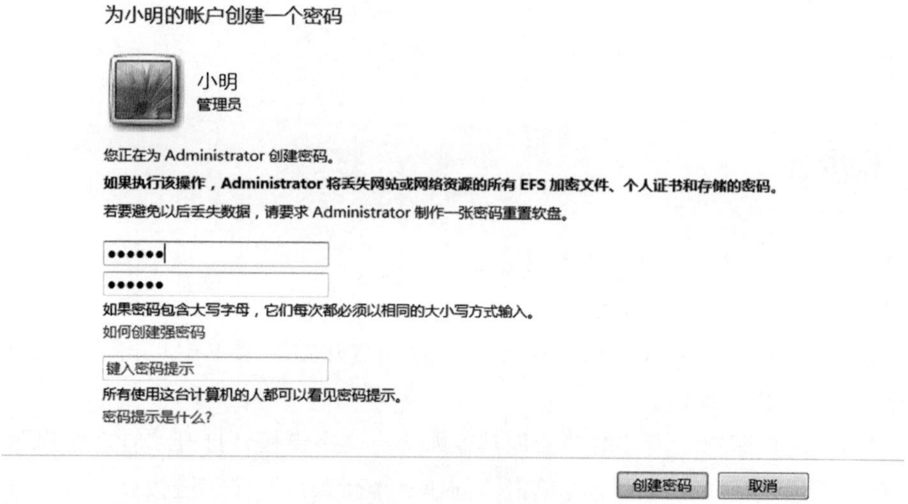

图 2-7　创建密码窗口

(3)单击“创建密码”按钮，则为该账户创建了密码，并重新返回上一窗口。

(4)单击“更改图片”文字链接，进入“为用户选择一个新图片”页面，这里有若干张可供选择的图片，选择自己喜欢的图片。

(5)单击“更改图片”按钮即可为该账户更改一张图片。

(6)单击“删除账户”文字链接，则可以删除之前创建的“小明”账户。

第 3 章

文字处理软件 Word 2010

实验 3-1　制作个人求职信

实验目的

(1) 掌握 Word 2010 文档中的新建和保存等基本操作。

(2) 掌握 Word 2010 文档中文本的录入和简单编辑。

(3) 掌握 Word 2010 文档中字体格式的设置。

(4) 掌握 Word 2010 文档中段落格式的设置。

实验内容

(1) 新建 Word 2010 文档。

(2) 输入文字并设置文字格式。

(3) 设置段落格式。

(4) 保存 Word 2010 文档。

实验步骤

1. 新建一个空白文档

在桌面的空白处右击，在弹出的快捷菜单中选择“新建”→“Microsoft Word 文档”命令，这时在桌面上出现一个“新建 Microsoft Word 文档”的图标，双击该图标，创建一个新的 Word 文档。 输入“自荐信”的文字内容，如图 3-1 所示。

2. 设置文档字体格式

在“开始”面板中的“字体”工具组中通过文字的基本格式设置按钮进行格式化设置，正文及落款设置为宋体 5 号，如图 3-2 所示。

3. 设置文档段落格式

(1) 设置对齐格式。在“开始”面板的“段落”选项组中有5种对齐方式，分别是“文

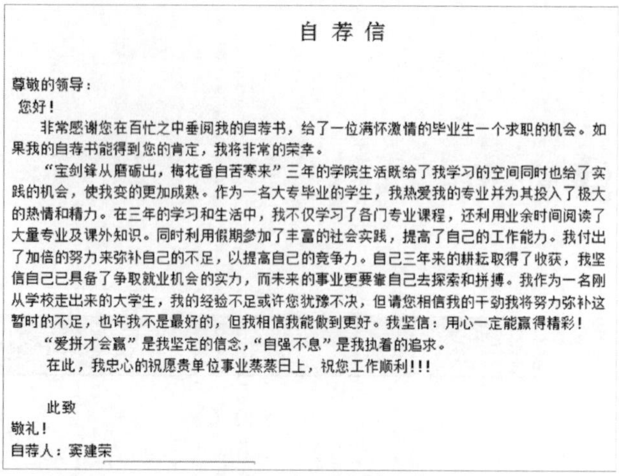

自 荐 信

尊敬的领导：

您好！

非常感谢您在百忙之中垂阅我的自荐书，给了一位满怀激情的毕业生一个求职的机会。如果我的自荐书能得到您的肯定，我将非常的荣幸。

“宝剑锋从磨砺出，梅花香自苦寒来”三年的学院生活既给了我学习的空间同时也给了实践的机会，使我变的更加成熟。作为一名大专毕业的学生，我热爱我的专业并为其投入了极大的热情和精力。在三年的学习和生活中，我不仅学习了各门专业课程，还利用业余时间阅读了大量专业及课外知识。同时利用假期参加了丰富的社会实践，提高了自己的工作能力。我付出了加倍的努力来弥补自己的不足，以提高自己的竞争力。自己三年来的耕耘取得了收获，我坚信自己已具备了争取就业机会的实力，而未来的事业更要靠自己去探索和拼搏。我作为一名刚从学校走出来的大学生，我的经验不足或许您犹豫不决，但请您相信我的干劲我将努力弥补这暂时的不足，也许我不是最好的，但我相信我能做到更好。我坚信：用心一定能赢得精彩！

“爱拼才会赢”是我坚定的信念，“自强不息”是我执着的追求。

在此，我忠心的祝愿贵单位事业蒸蒸日上，祝您工作顺利!!!

此致

敬礼！

自荐人：窦建荣

图 3-1　输入自荐信文字

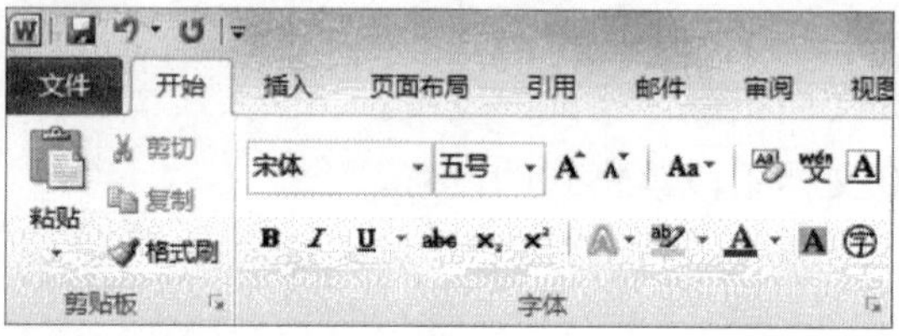

图 3-2　设置文字格式

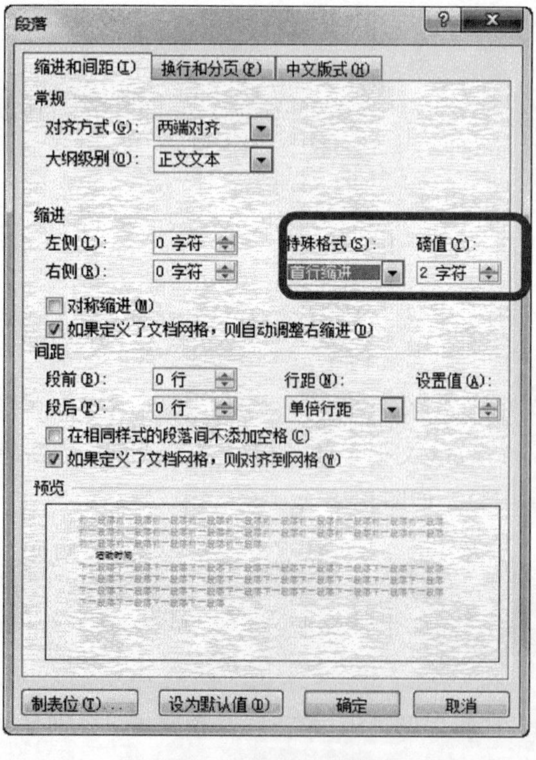

图 3-3　设置正文首行缩进

本左对齐”“居中”“文本右对齐”“两端对齐”和“分散对齐”。标题选择“居中”，正文选择“两端对齐”，最后两行落款选择“文本右对齐”。

(2)设置正文缩进。选中文档全部正文，单击“段落”工具组右下角的对话框启动器，弹出“段落”对话框，选择“缩进和间距”选项卡中“特殊格式”列表下的“首行缩进”选项，“磅值”处选择“2 字符”，单击“确定”按钮即可，如图 3-3 所示。

4. 文档保存

文本编辑完成后，单击“文件”→“另存为”，弹出“另存为”对话框，将“文件名”处改为“自荐信”，单击“保存”按钮完成。

实验 3-2 制作个人简历表

实验目的

(1)学会在 Word 2010 中插入表格。

(2)掌握表格的基本操作及美化。

实验内容

(1)手工绘制简历表，如图 3-4、图 3-5 所示。

(2)表格中输入文字，并设置表格的格式。

姓 名		性别		身高		出生年月		照 片
专 业		学 历		学 制				
健康状况		政治面貌		籍 贯				
爱好特长								
家庭住址								
联系电话		邮箱						
计算机水平		英语水平						
所获职业资格证书								
自 荐 书								

图 3-4 简历表 1

主要课程设置	
奖惩情况	辅导员签字： 年 月 日
系部意见	同意推荐 （系部盖章） 年 月 日
学工处意见	同意推荐 （学工处盖章） 年 月 日
招就处意见	同意推荐 （招就处盖章） 年 月 日
备注	1.本表复印件无效。 2.本表不作为就业合同书。正式录用必须签订毕业生就业协议书。 3.毕业成绩以教务处提供的为准，成绩表另附。

图 3-5　简历表 2

(3)设置表格中的竖向文字。

(4)将表格平均分布各行。

(5)设置“备注”栏的项目符号。

(6)在“备注”栏插入带圈文字。

(7)用格式刷复制文字及段落格式。

(8)添加页眉标志图片。

实验步骤

1. 绘制简历表

(1)启动 Word 2010，单击常用工具栏上的“表格和边框”工具按钮，如图 3-6 所示。

(2)光标在文档窗口中显示为“笔”的形状，拖动鼠标，首先绘制表格的外框。

(3)同样，在表格内拖动鼠标，绘制表格的行线和列线。

图 3-6 “表格和边框”工具栏

2. 在表格的单元格中输入文字

操作提示：

提示①：输入过程中表格的行数不足，可以在表格的最后一行按【Tab】键扩充。

提示②：表格中输入文字时，如果文字较多时表格大小可以自动扩充，表格中也可以包含段落。

3. 设置竖向文字

(1) 将光标置入“主要课程设置”单元格。

(2) 单击“格式”菜单项，选择“文字方向”命令，打开“文字方向”对话框，单击竖向文字图标，如图 3-7 所示。

(3) 单击“确定”按钮，可见文本变为竖向排列。

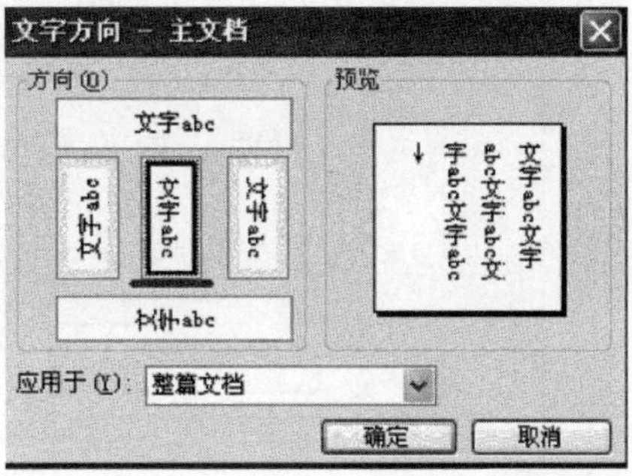

图 3-7 “文字方向”对话框

4. 平均分布各行

选定“主要课程设置”后面的六行，单击菜单“表格工具”中的“布局”选项卡，在“单元格大小”组中选择“分布行”，让手工绘制的表格平均分布各行。

5. 设置项目符号

(1) 选定“备注”栏目下的三行文字，单击“格式”菜单项，选择“项目符号和编号”命令，打开其对话框，如图 3-8 所示。

(2) 打开“项目符号”选项卡，找到所需图片项目符号，单击“确定”按钮后，添加

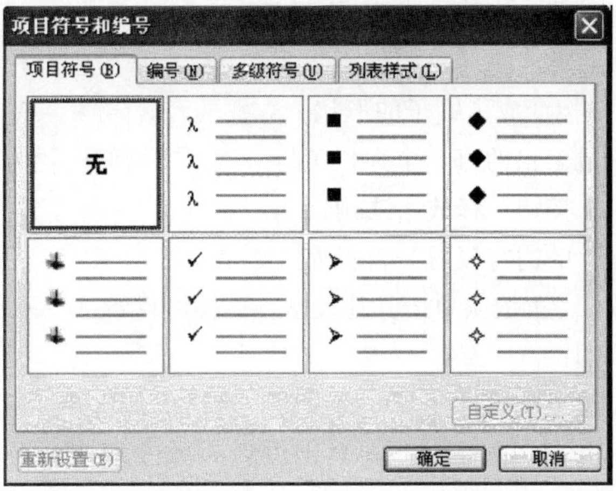

图 3-8 “项目符号和编号”对话框

项目符号。 如图 3-9 所示为“自定义项目符号列表”对话框。

6. 在“备注”栏插入带圈文字

(1)将光标置于“备注”栏下第一行首。

(2)单击“格式”菜单项，选择“中文版式”命令的“带圈字符”命令，打开“带圈字符”对话框，如图 3-10 所示。

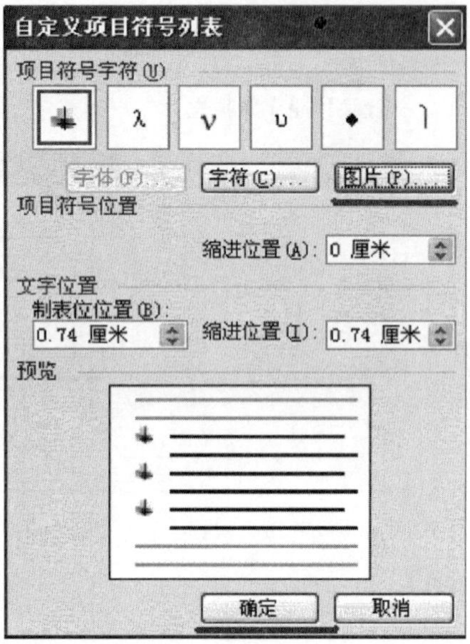

图 3-9 “自定义项目符号列表”对话框

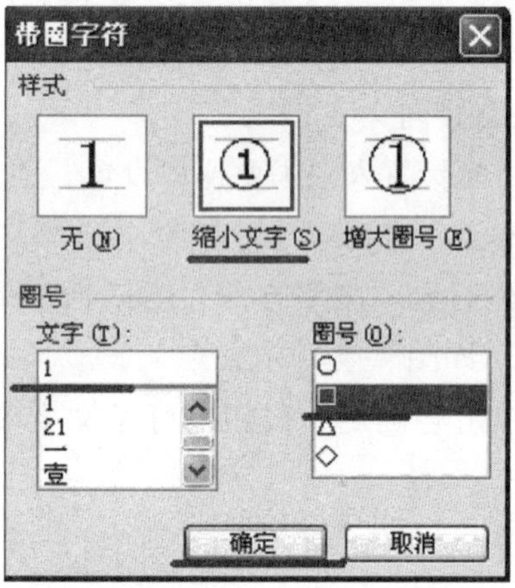

图 3-10 “带圈字符”对话框

(3)单击“缩小文字”图标，输入文字“1”，单击方形圈号。

(4)单击“确定”按钮。

(5)用同样的方法输入下方两行的带圈文字。

7. 复制文字格式

(1)将“自荐书”设置为宋体、小四号、加粗。

(2)选定设置好格式的文字“主要课程设置”，双击常用工具栏中的“格式刷”按钮(见图 3-11)，会看到鼠标变成了刷子的形状。

(3)用鼠标依次拖过表格的每一个大栏条目，就可将它们设置为统一的格式。

(4)单击“格式刷”按钮，释放格式刷。

(5)将“主修课程”的内容设置为首行缩进 2 个字符。

(6)双击“格式刷”，再依次单击其他段落，这样可以将这些段落的格式统一。

8. 在页眉上添加图片

(1)单击“文件”菜单项，打开“页面设置”对话框，打开“版式”选项卡，调整页眉、页脚距边界的距离，将页眉和页脚分别设置为 1.5 厘米、1.75 厘米，如图 3-12 所示。

(2)单击“插入”菜单项，选择“页眉”命令，打开“页眉”菜单栏，进入页眉编辑状态，如图 3-13 所示。

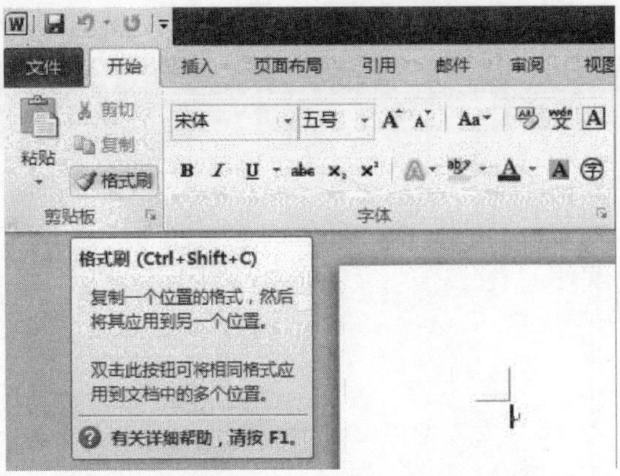

图 3-11 “格式刷”按钮

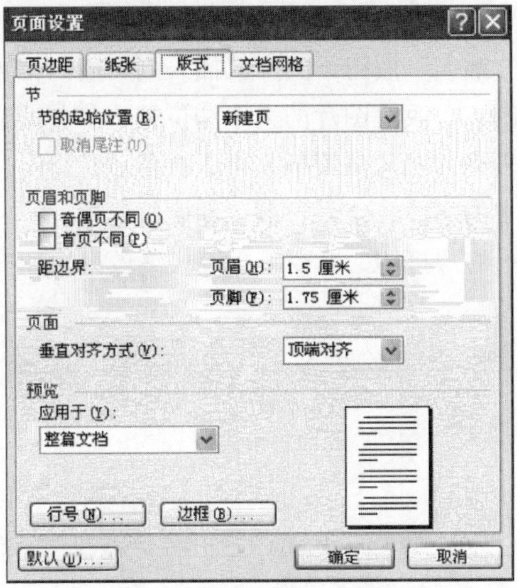

图 3-12 “版式”选项卡

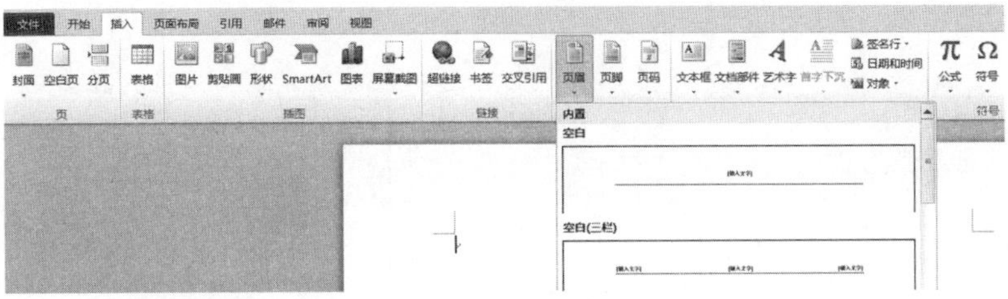

图 3-13 “页眉”菜单栏

(3)单击“插入”菜单项，选择“图片”命令的“来自文件”子命令，打开“插入图片”对话框，如图3-14所示。

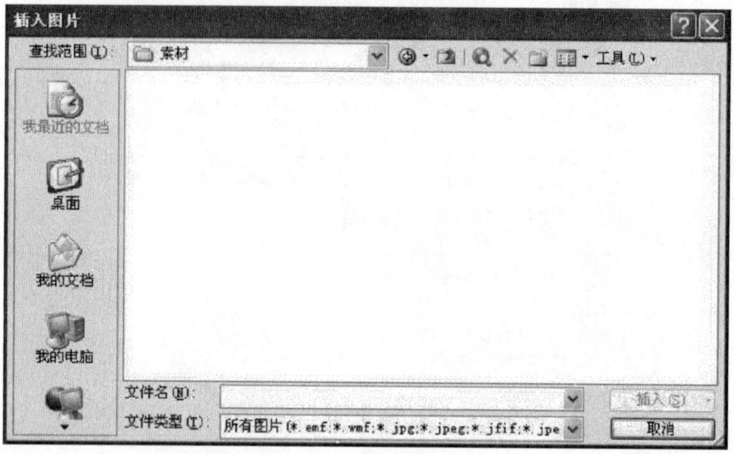

图3-14 “插入图片”对话框

(4)选定图片，单击“插入”按钮，图片就插入到页眉的位置了。

(5)利用鼠标拖动控制点，改变图片的大小和位置，将其调整为较好的效果。

(6)用同样的方法在表格的照片位置插入个人头像照片。

(7)完成其他条目文字的字体、字号、颜色和底纹设置。

(8)单击“文件”菜单的“打印”命令，预览最终效果，如图3-15所示。

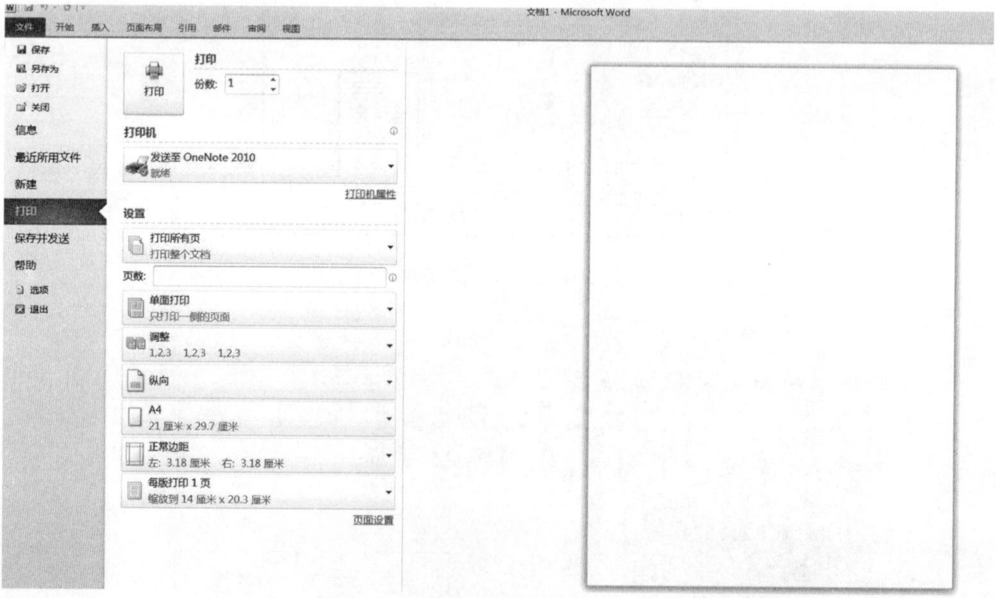

图3-15 “打印”命令

实验3-3 制作通知文档

实验目的

(1)掌握在 Word 2010 中使用图片做背景的方法。

(2)掌握在 Word 2010 中进行图文混排的方法。

实验内容

(1)在 Word 2010 中输入"通知"的内容。

(2)插入图片作为背景。

(3)在"通知"中插入艺术字。

(4)给"通知"中的正文排版。

(5)在"通知"中插入图片作底边。

实验步骤

1. 在 Word 2010 中输入"通知"的内容

(1)新建空白 Word 文档。在"我的电脑"中单击右键，并在弹出的菜单中选择"新建"条目。在弹出的菜单中选择"Microsoft Word 文档"选项。

(2)将新建的空白 Word 文档重命名。选中刚刚建立的 Word 文档，单击右键，在弹出的右键菜单中单击"重命名"选项，如图 3-16 所示。

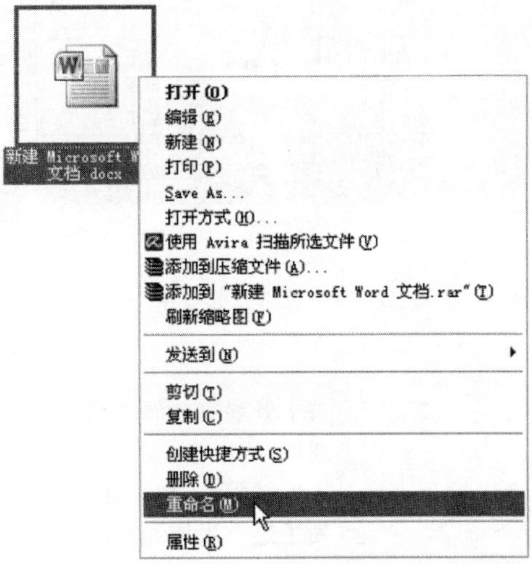

图 3-16　Word 文档重命名

也可以在选中 Word 文档后单击键盘上的【F2】功能键，然后将文档重命名为"通知.docx"，并双击打开。

(3)在文档中输入"通知"内容。在文档中输入"通知"内容，如图 3-17 所示。

2. 插入图片作为背景

(1)单击"页面布局"以切换到"页面布局"功能区，单击"页面颜色"图标的下拉箭头并打开“页面颜色”菜单，如图 3-18 所示。

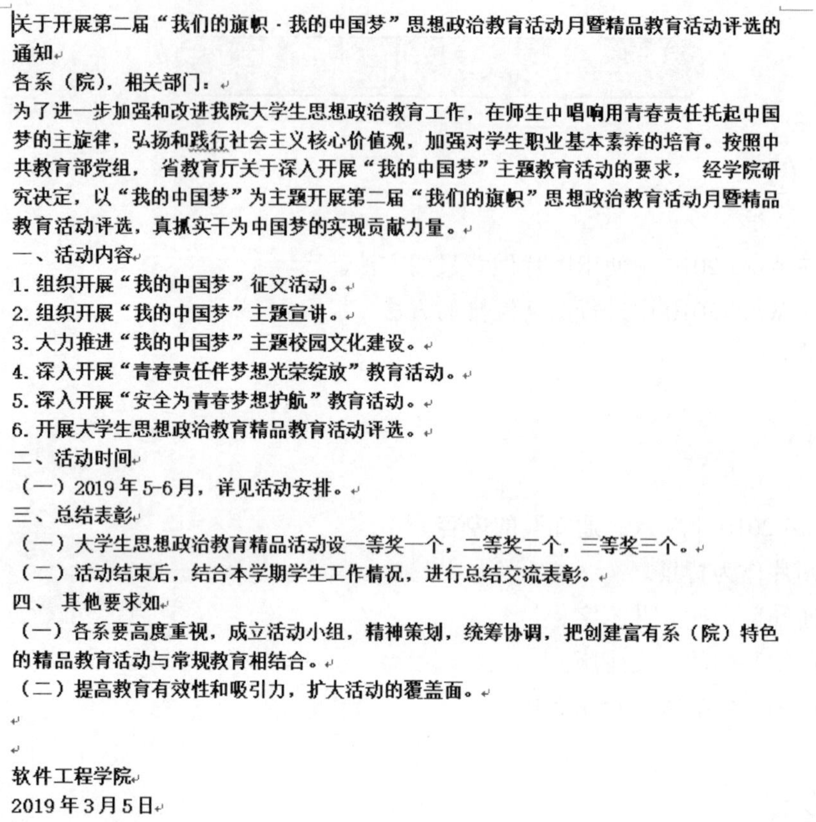

关于开展第二届“我们的旗帜·我的中国梦”思想政治教育活动月暨精品教育活动评选的通知

各系（院），相关部门：

为了进一步加强和改进我院大学生思想政治教育工作，在师生中唱响用青春责任托起中国梦的主旋律，弘扬和践行社会主义核心价值观，加强对学生职业基本素养的培育。按照中共教育部党组， 省教育厅关于深入开展“我的中国梦”主题教育活动的要求， 经学院研究决定，以“我的中国梦”为主题开展第二届“我们的旗帜”思想政治教育活动月暨精品教育活动评选，真抓实干为中国梦的实现贡献力量。

一、活动内容

1. 组织开展“我的中国梦”征文活动。

2. 组织开展“我的中国梦”主题宣讲。

3. 大力推进“我的中国梦”主题校园文化建设。

4. 深入开展“青春责任伴梦想光荣绽放”教育活动。

5. 深入开展“安全为青春梦想护航”教育活动。

6. 开展大学生思想政治教育精品教育活动评选。

二、活动时间

（一）2019 年 5-6 月，详见活动安排。

三、总结表彰

（一）大学生思想政治教育精品活动设一等奖一个，二等奖二个，三等奖三个。

（二）活动结束后，结合本学期学生工作情况，进行总结交流表彰。

四、 其他要求如

（一）各系要高度重视，成立活动小组，精神策划，统筹协调，把创建富有系（院）特色的精品教育活动与常规教育相结合。

（二）提高教育有效性和吸引力，扩大活动的覆盖面。

软件工程学院

2019 年 3 月 5 日

图 3-17 输入“通知”内容后的 Word 文档

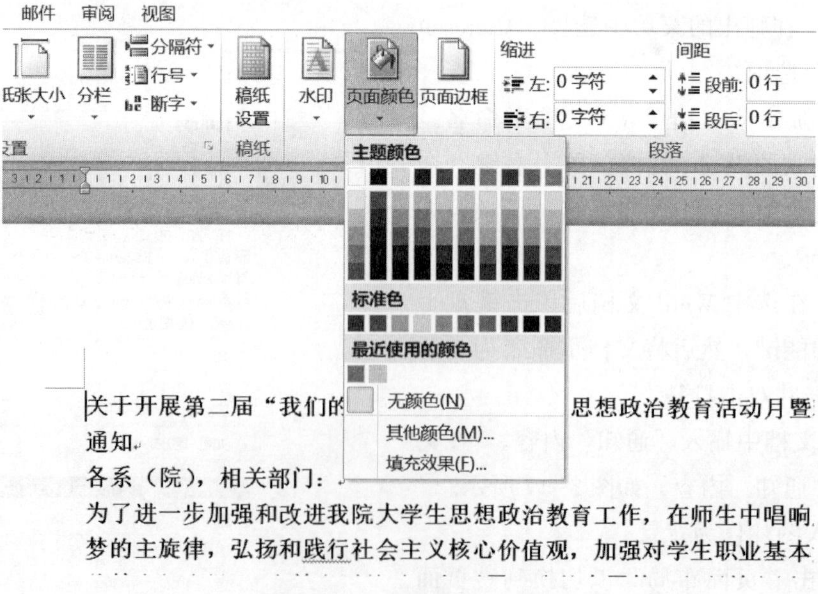

图 3-18 “主题颜色”菜单

（2）在“页面颜色”菜单中，选中“填充效果”选项，打开“填充效果”对话框，如图3-19所示。

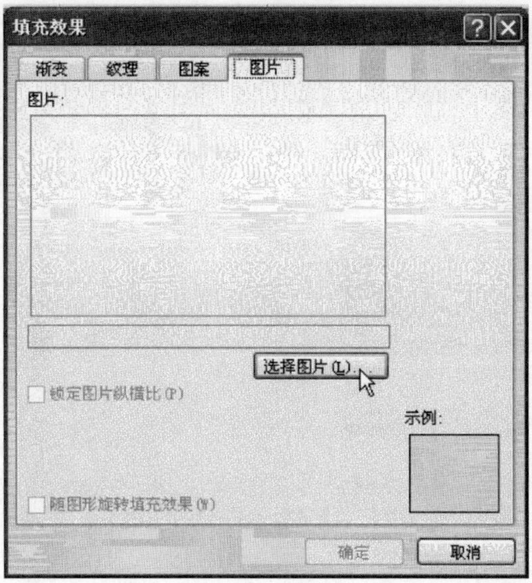

图3-19　“填充效果”对话框

（3）在“填充效果”对话框中单击“选择图片”按键，打开“选择图片”对话框，如图3-20所示。 选中要作为背景的图片，单击“插入”按钮。

图3-20　“选择图片”对话框

(4)返回“填充效果”对话框，单击“确定”按钮，选中的图片就被作为背景加入到文档中，效果如图3-21所示。

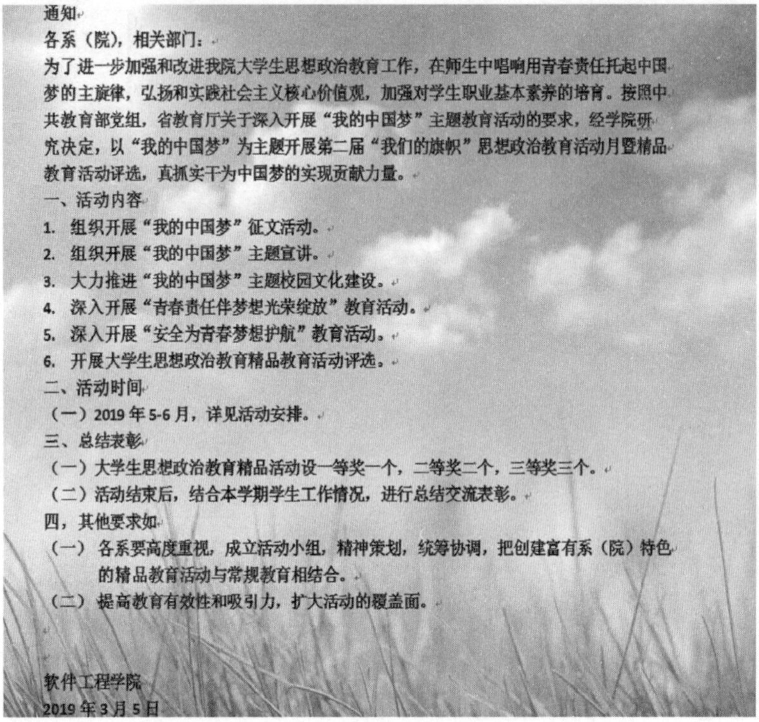
通知
各系（院），相关部门：
为了进一步加强和改进我院大学生思想政治教育工作，在师生中唱响用青春责任托起中国梦的主旋律，弘扬和实践社会主义核心价值观，加强对学生职业基本素养的培育。按照中共教育部党组，省教育厅关于深入开展“我的中国梦”主题教育活动的要求，经学院研究决定，以“我的中国梦”为主题开展第二届“我们的旗帜”思想政治教育活动月暨精品教育活动评选，真抓实干为中国梦的实现贡献力量。
一、活动内容
1. 组织开展“我的中国梦”征文活动。
2. 组织开展“我的中国梦”主题宣讲。
3. 大力推进“我的中国梦”主题校园文化建设。
4. 深入开展“青春责任伴梦想光荣绽放”教育活动。
5. 深入开展“安全为青春梦想护航”教育活动。
6. 开展大学生思想政治教育精品教育活动评选。
二、活动时间
（一）2019年5-6月，详见活动安排。
三、总结表彰
（一）大学生思想政治教育精品活动设一等奖一个，二等奖二个，三等奖三个。
（二）活动结束后，结合本学期学生工作情况，进行总结交流表彰。
四，其他要求如
（一） 各系要高度重视，成立活动小组，精神策划，统筹协调，把创建富有系（院）特色的精品教育活动与常规教育相结合。
（二） 提高教育有效性和吸引力，扩大活动的覆盖面。

软件工程学院
2019年3月5日

图3-21　设置图片背景后的效果

3. 制作艺术字

(1)将鼠标移动到第一行文字的左侧，在鼠标指针的方向变为右上时，单击鼠标左键，并选中第一行的整行文字，如图3-22所示。

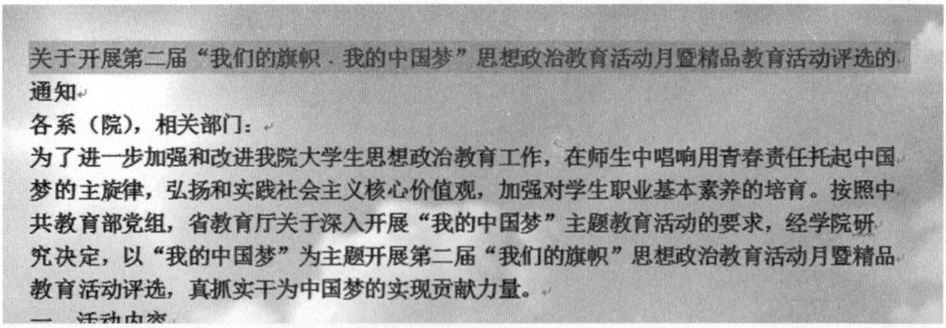
关于开展第二届“我们的旗帜．我的中国梦”思想政治教育活动月暨精品教育活动评选的通知
各系（院），相关部门：
为了进一步加强和改进我院大学生思想政治教育工作，在师生中唱响用青春责任托起中国梦的主旋律，弘扬和实践社会主义核心价值观，加强对学生职业基本素养的培育。按照中共教育部党组，省教育厅关于深入开展“我的中国梦”主题教育活动的要求，经学院研究决定，以“我的中国梦”为主题开展第二届“我们的旗帜”思想政治教育活动月暨精品教育活动评选，真抓实干为中国梦的实现贡献力量。

图3-22　选中一行文字

(2)单击“开始”功能区中的“文本效果”按键，并在弹出的下拉菜单中选中右下角“渐变填充紫色”选项，如图3-23所示。这时，第一行文字的显示效果就变为“渐变填充紫色”。

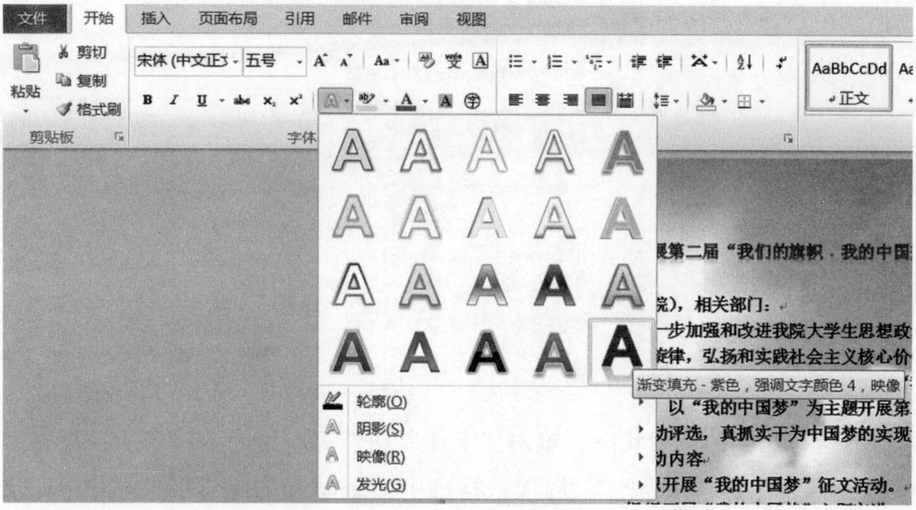

图 3-23　文字效果下拉菜单

(3)保持这行文字的选中状态，继续在这一菜单中选中“映像”条目。 在弹出的右侧菜单中选中“全映像，4 pt 偏移量”选项，选中文字的映像效果随之改变，如图 3-24 所示。

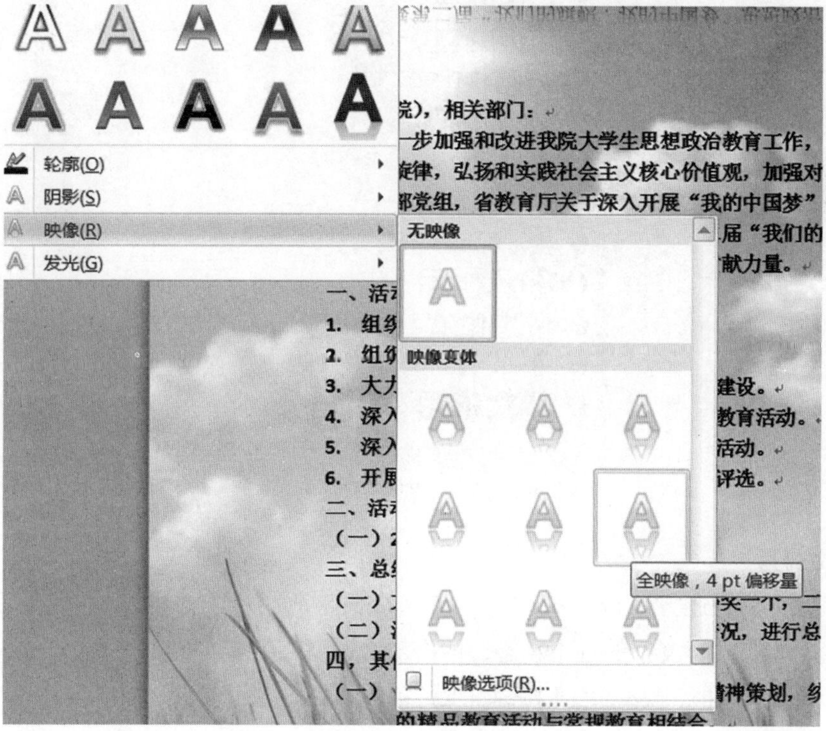

图 3-24　映像菜单

(4)保持这行文字的选中状态，单击“字号”功能键右边的下拉箭头，打开“字号”下拉列表，如图 3-25 所示。 在列表中选中“一号”选项，则选中文字的大小设置为一号。

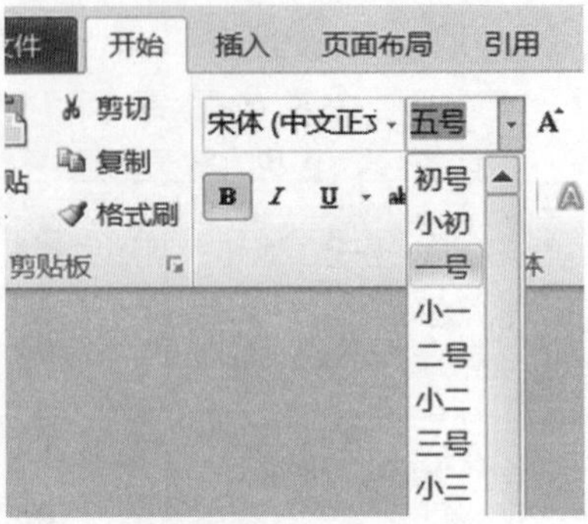

图 3-25 “字号”下拉列表

(5) 保持这行文字的选中状态，单击“字体”功能键右边的下拉箭头，打开“字体”下拉列表，在列表中选中“黑体”选项，将选中文字设置为黑体字，如图 3-26 所示。最后设置标题的对齐方式为居中。

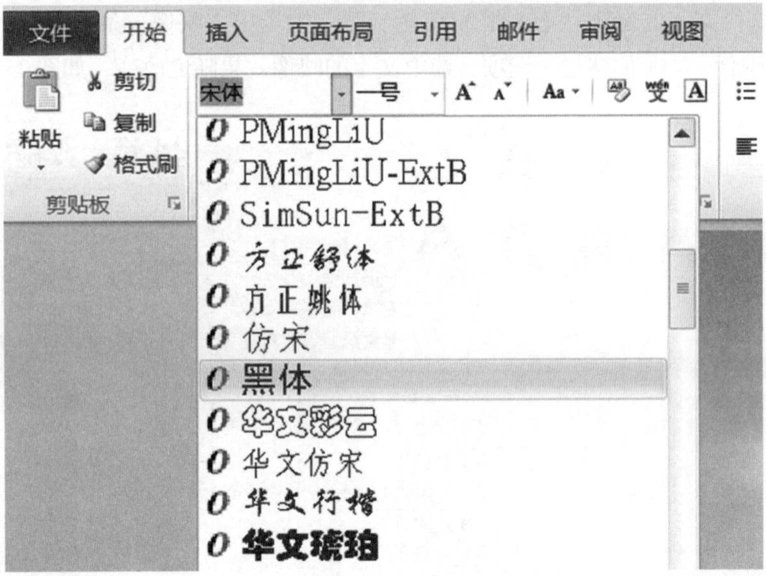

图 3-26 “字体”下拉列表

4. 正文排版

(1) 使用前文所述方法选中第二行，将这行文字改为“宋体，四号”。保持这行文字的选中状态，单击“格式刷”按键，如图 3-27 所示。这时，“格式刷”按键将保持被选中状态。

图 3-27 “格式刷”按键

(2) 将鼠标移动到编辑区，按住左键不放，选中整个正文部分，松开左键，这时整个正文区域的文字都变为“宋体，四号”，如图 3-28 所示。再次单击“格式刷”按键，使“格式刷”按键恢复到未选中状态。

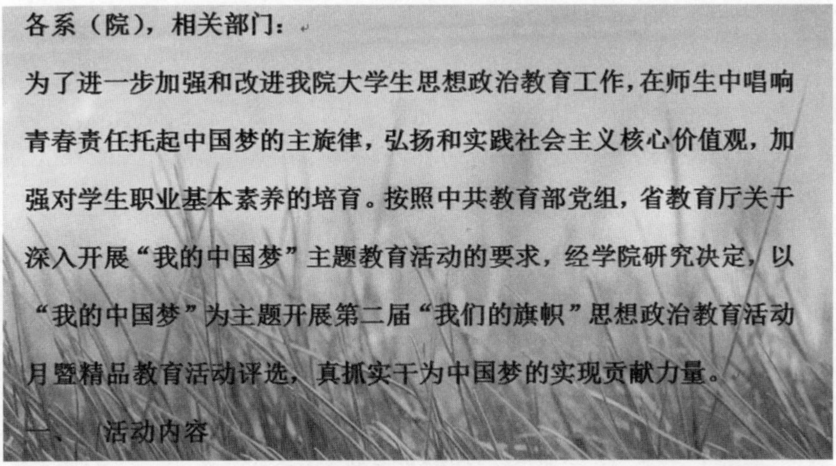

各系（院），相关部门：

为了进一步加强和改进我院大学生思想政治教育工作，在师生中唱响青春责任托起中国梦的主旋律，弘扬和实践社会主义核心价值观，加强对学生职业基本素养的培育。按照中共教育部党组，省教育厅关于深入开展“我的中国梦”主题教育活动的要求，经学院研究决定，以“我的中国梦”为主题开展第二届“我们的旗帜”思想政治教育活动月暨精品教育活动评选，真抓实干为中国梦的实现贡献力量。

一、 活动内容

图 3-28　用“格式刷”工具改变字体后的文字

(3) 这时发现字体变大后正文部分显得过长，但又不能减小字号，这时可以修改文字的行间距。首先按住左键拖动鼠标选中全部正文，然后在“开始”功能区单击“行间距”按键，打开“行间距”下拉菜单，选中其中的“行距选项”条目，如图 3-29 所示，打开“段落”对话框。

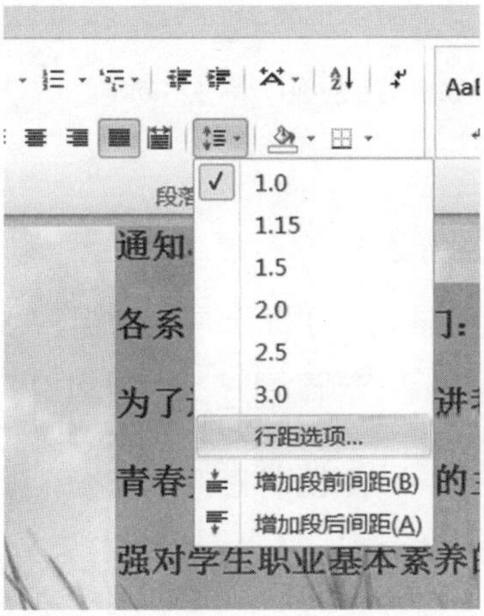

图 3-29　选中“行距选项”条目

(4) 在“段落”对话框中选中“行距”下拉列表，选中“固定值”选项，如图 3-30 所示，然后在设置值中输入“26 磅”，也可以单击上下箭头来调整数值。单击“确定”按钮后正文行间距缩短，且一页内可以放下“通知”的所有文字。

5. 插入图片作为底边

(1) 现在插入一幅“校园风景画”作为背景的一部分。单击“插入”按键并打开“插入”功能区，单击“图片”按键，如图 3-31 所示。打开“插入图片”对话框，选中要插入的图片，单击“插入”按键。这时，图片就被插入到文档中，但自动插入的位置通常不是人们需要的，要进行调整。

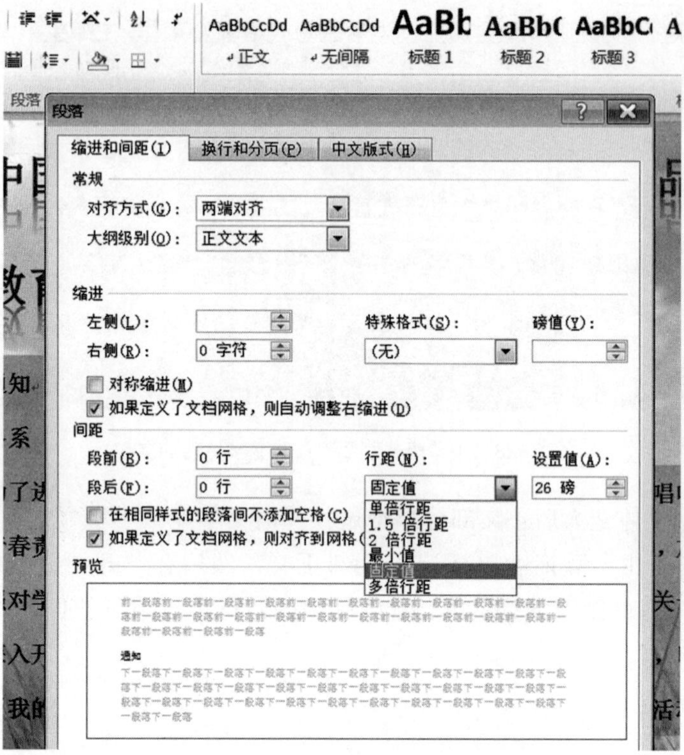

图 3-30 调整行间距

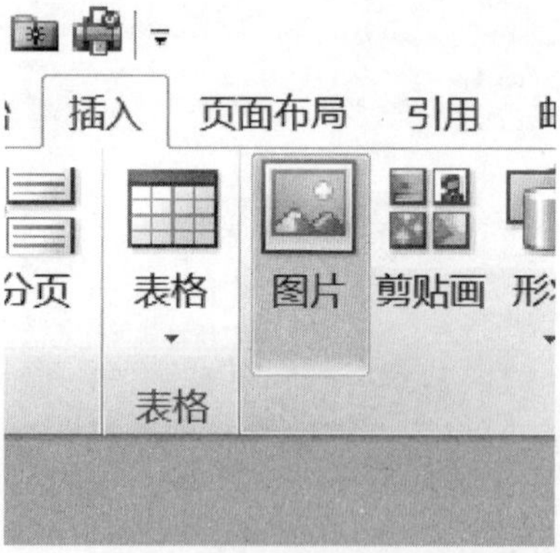

图 3-31 单击“图片”按键

（2）这个时候只要选中刚插入的图片，功能区就会自动出现“图片工具格式”按键。单击打开“图片工具”功能区，找到“自动换行”按键，单击并在弹出的下拉菜单中选中“衬于文字下方”选项，如图 3-32 所示。

（3）这时图片成为类似文字背景的效果。单击图片并按住鼠标左键不放，将图片拖动到文档左下角。将光标移动到图片右上角，待光标变为指向左下方和右上方的双向箭头时，按住鼠标左键不放，拖动图片到合适的大小，如图 3-33 所示。

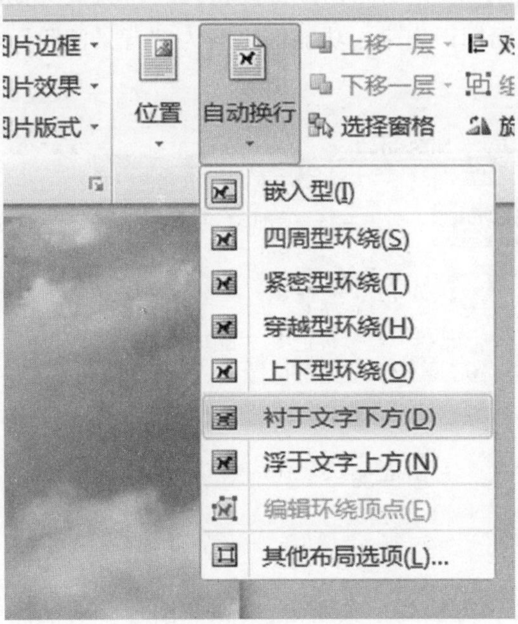

图 3-32 “自动换行”菜单

图 3-33 拖动图片以调整大小

(4)单击“图片”工作区的“颜色”按键，打开其下拉菜单，选中“其他变体”选项。在弹出的菜单中选择“橙色，强调文字颜色 6，淡色 60%”选项，如图 3-34 所示。单击后图片颜色变得和文档背景接近。

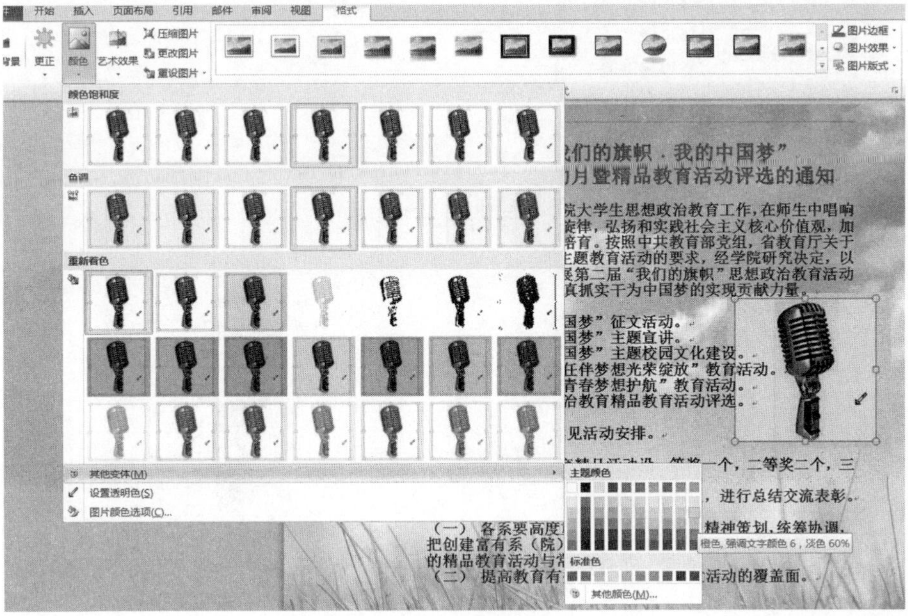

图 3-34 修改主题颜色

(5)进一步调整校园图片使其融入背景。单击“图片”功能区的“删除背景”按键，如图3-35所示。这时图片默认保留的区域显示原色，将被删减的区域被其他颜色覆盖。图片上将被修改的区域被一个矩形框标识出来，功能区也变为“背景消除”功能区，如图3-36所示。

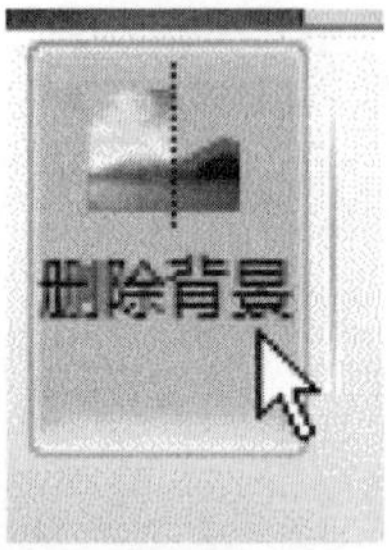

图3-35 “删除背景”按键

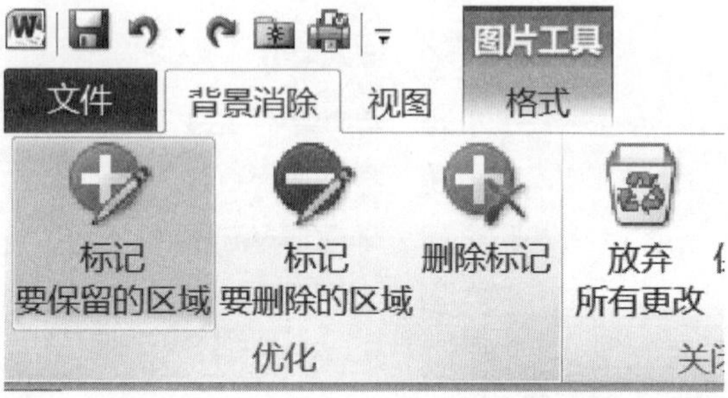

图3-36 “背景消除”功能区

6. 插入图片

(1)继续在文档中插入一个麦克风图片，方法如前文所述。在“图片”功能区中单击“位置”按键，并在其弹出的菜单中选中“中间居右，四周环绕型文字”选项，如图3-37所示。

(2)选中“颜色”按键下拉菜单中的“设置透明色”选项。这时光标形状发生变化，使用光标单击图片中的白色区域，将图片中的白色设置为透明色，如图3-38所示。

图3-37 “位置”菜单

图3-38 用“设置透明色”工具设置透明色

(3)保持图片的被选中状态。切换到“图片工具格式”功能区，并单击“裁剪”按键。移动光标到图片四角的圆点上，按下鼠标左键，待光标变为边角框时按下鼠标左键拖动图片边框，对图片进行裁剪，如图 3-39 所示。

(4) 现在将麦克风的方向转到左边。 单击“图片工具格式”功能区中的“旋转”按键，在其弹出的菜单中选中“水平翻转”选项，如图 3-40 所示。

图 3-39　设置透明色和裁剪后的效果

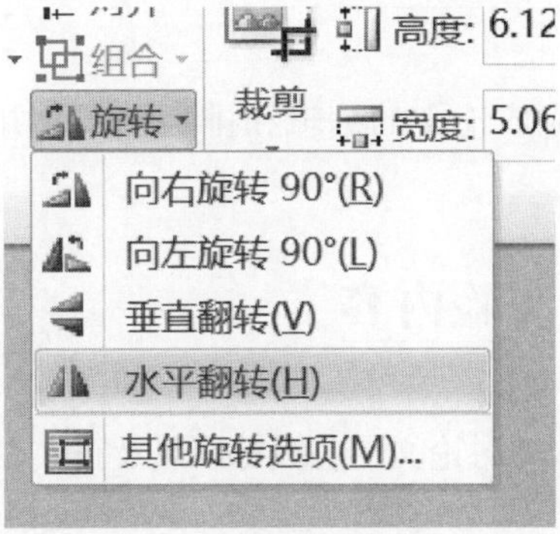

图 3-40　“旋转”按键的下拉菜单

(5) 用前文所述方法保存文档至合适位置，其完成效果如图 3-41 所示。

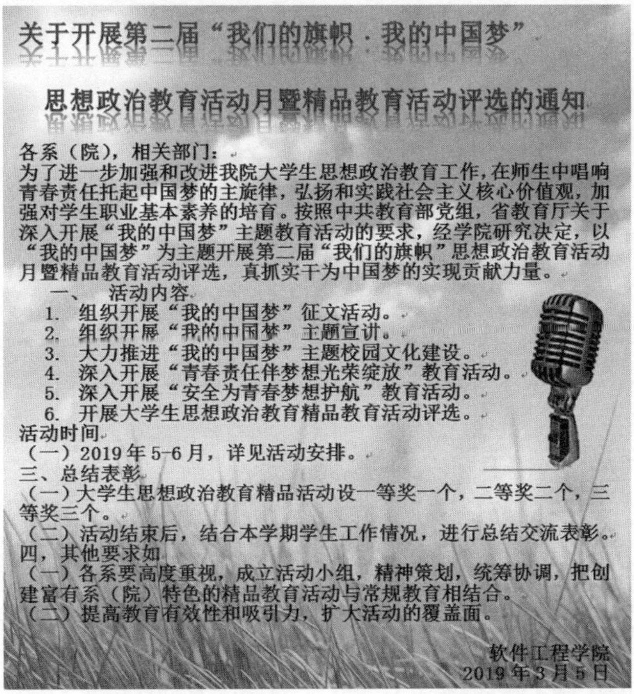

关于开展第二届“我们的旗帜 · 我的中国梦”

思想政治教育活动月暨精品教育活动评选的通知

各系（院），相关部门：
为了进一步加强和改进我院大学生思想政治教育工作，在师生中唱响青春责任托起中国梦的主旋律，弘扬和实践社会主义核心价值观，加强对学生职业基本素养的培育。按照中共教育部党组，省教育厅关于深入开展“我的中国梦”主题教育活动的要求，经学院研究决定，以“我的中国梦”为主题开展第二届“我们的旗帜”思想政治教育活动月暨精品教育活动评选，真抓实干为中国梦的实现贡献力量。

一、　活动内容

1. 组织开展“我的中国梦”征文活动。
2. 组织开展“我的中国梦”主题宣讲。
3. 大力推进“我的中国梦”主题校园文化建设。
4. 深入开展“青春责任伴梦想光荣绽放”教育活动。
5. 深入开展“安全为青春梦想护航”教育活动。
6. 开展大学生思想政治教育精品教育活动评选。

活动时间

（一）2019 年 5-6 月，详见活动安排。

三、总结表彰

（一）大学生思想政治教育精品活动设一等奖一个，二等奖二个，三等奖三个。

（二）活动结束后，结合本学期学生工作情况，进行总结交流表彰。

四，其他要求如

（一）各系要高度重视，成立活动小组，精神策划，统筹协调，把创建富有系（院）特色的精品教育活动与常规教育相结合。

（二）提高教育有效性和吸引力，扩大活动的覆盖面。

软件工程学院
2019 年 3 月 5 日

图 3-41　完成效果图

实验 3-4　制作毕业论文

实验目的

完成论文的编辑和排版工作，并最终将其打印输出。

实验内容

（1）对论文的各级标题以及正文设置为要应用的样式，将样式分别应用到各级标题和正文当中。

（2）为论文生成目录。

（3）为论文设置页眉和页脚。

（4）将论文打印输出。

实验步骤

1. 为论文的标题和正文设置样式

（1）设置文档的页面属性。打开论文“中日动画片比较研究”，目前的论文几乎不包含样式设置，其页面的样式效果如图 3-42 所示。

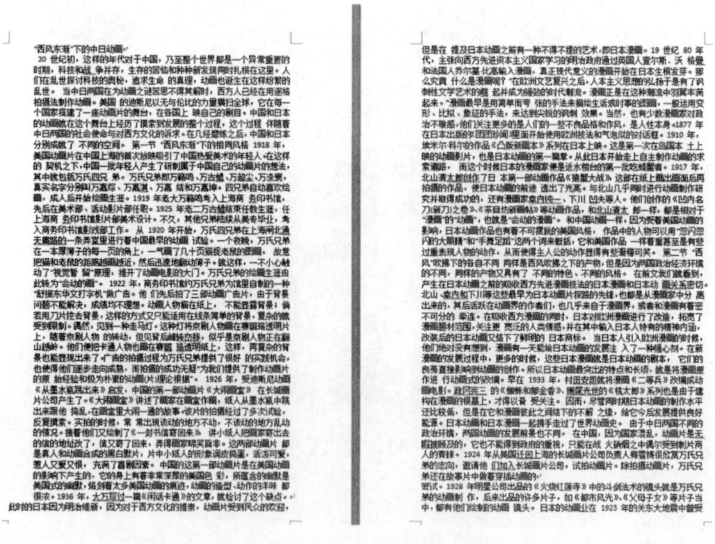

图 3-42　初始论文效果

①选择功能区“页面布局”选项卡→“页面设置”区域右下角的按钮，打开页面设置对话框，设置页面纸张为“A4”，设置上下页边距为默认值2.54厘米，左边距为3.17厘米，右边距为3.17厘米，如图3-43所示。

②选择功能区“文件”选项卡→“信息”命令，在右侧窗格中设置文档的“标题”为“中日动画片比较研究”，如图3-44所示。

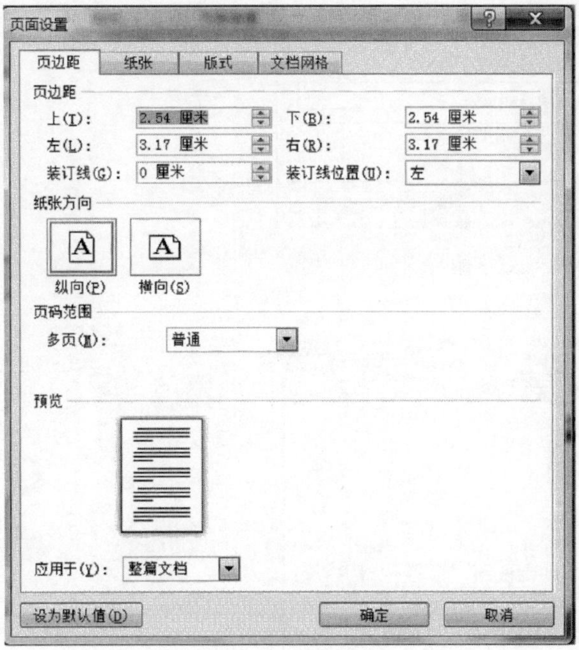

图3-43 页面设置

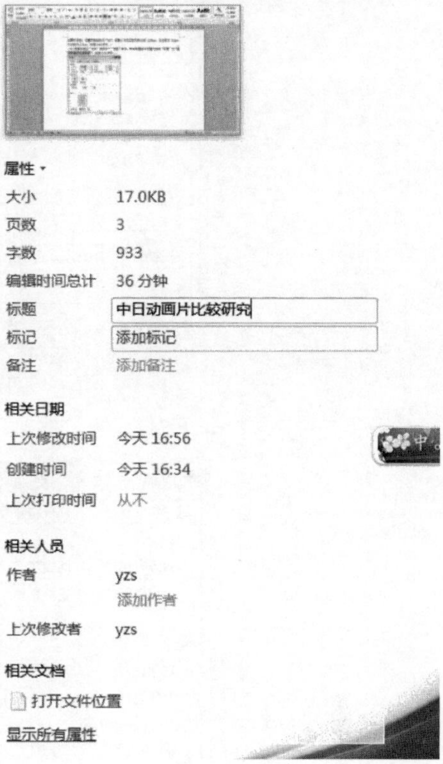

图3-44 设置文件信息

(2)设置全文的基本样式。

①按快捷键【Ctrl】+【A】，选择全文，然后单击功能区“开始”选项卡→“字体”区域的按钮，打开“字体”对话框，设置中文字体为“宋体”，西文字体为“Times New Roman”，字号为“小四”，字体颜色为“自动”。最后单击“确定”按钮，如图3-45所示。

提示：Word文档本身包含了多种样式，我们可以应用Word提供的样式，也可以修改Word提供的样式，还可以使用自定义样式。这里主要设置正文的样式以及各级标题的样式。

②选择全文，单击功能区“开始”选项卡→“段落”区域的按钮，打开“段落”对话框，设置特殊格式为“首行缩进”，磅值为“2字符”，行距为“1.5倍行距”。最后单击“确定”按钮，如图3-46所示。

设置完成后，可以看到全文的字体、字号以及段落格式都发生了变化。

(3)设置一级标题样式。

①在功能区“开始”选项卡→“样式”区域→“标题1”样式上单击右键，选择“修改”命令，如图3-47所示。

图 3-45 设置字体

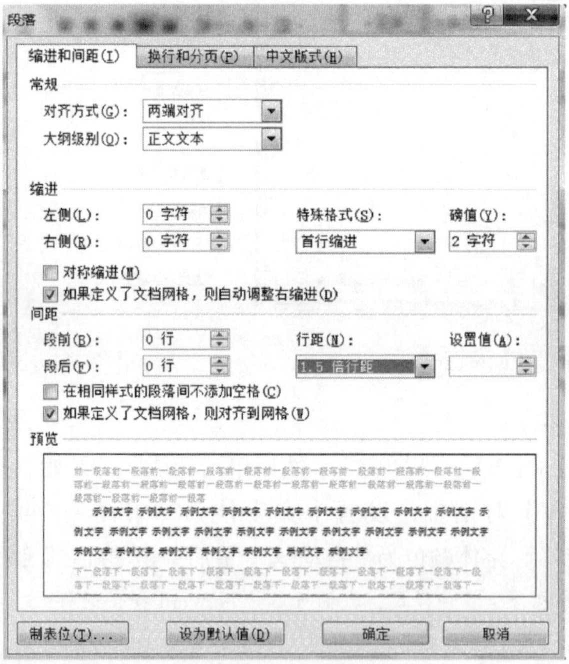

图 3-46 设置段落

②此时，打开了“修改样式”对话框，如图 3-48 所示。

③单击左下角“格式”按钮的“字体”命令，打开“字体”对话框，设置中文字体为“黑体”，字形为“加粗”，字号为“小三”，单击“确定”按钮，如图 3-49 所示。

④单击左下角“格式”按钮的“段落”命令，打开“段落”对话框，设置对齐方式为“居中”，大纲级别为“1 级”，特殊格式为“无”，间距为“段前 1 行、段后 2 行”，单

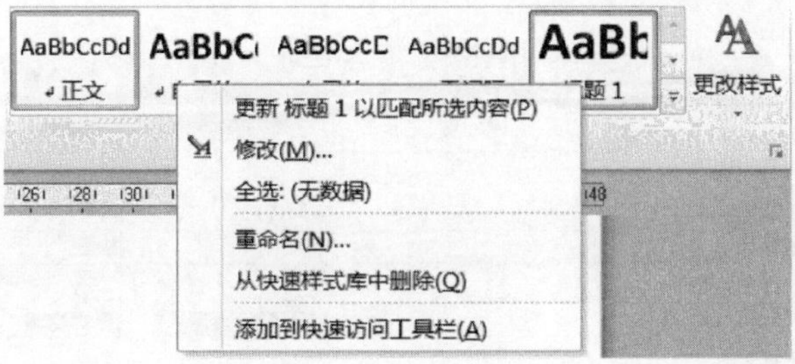

图 3-47　修改样式

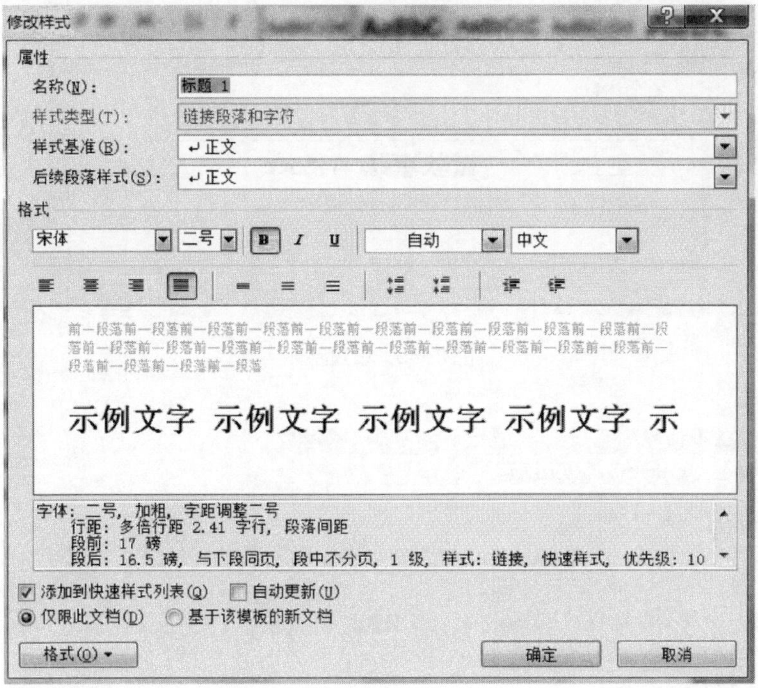

图 3-48　“修改样式”对话框

击“确定”按钮，如图 3-50 所示。

（4）设置二级标题样式。参照（3）的方式，设置二级标题字体样式为“黑体、四号、加粗”，段落样式为“左对齐、大纲级别 2 级、段前段后间距均为 0.5 行、单倍行距”。

（5）对文档中的一级标题应用“标题 1”样式。为了便于排版操作，本例已将所有一级标题设置为了红色，二级标题设置为了蓝色。

①将鼠标移动到“西风东渐”下的“中日动画”行的左侧，待光标变成 状态时，单击鼠标，选择“西风东渐”下的“中日动画”行。打开功能区“开始”选项卡→“编辑”区域→选择按钮的下拉菜单，选择“选择格式相似的文本”命令，如图 3-51 所示。此时，可见页面内容中所有红色的文字均被选中。

②选择功能区“开始”选项卡→“样式”区域→按钮，即可将所有的一级标题设置为“标题 1”的样式。

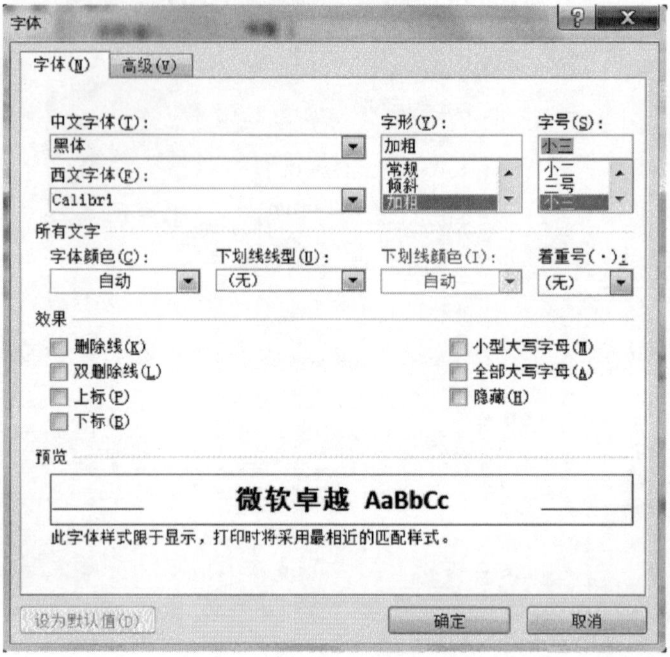

图 3-49　设置字体

图 3-50　设置段落

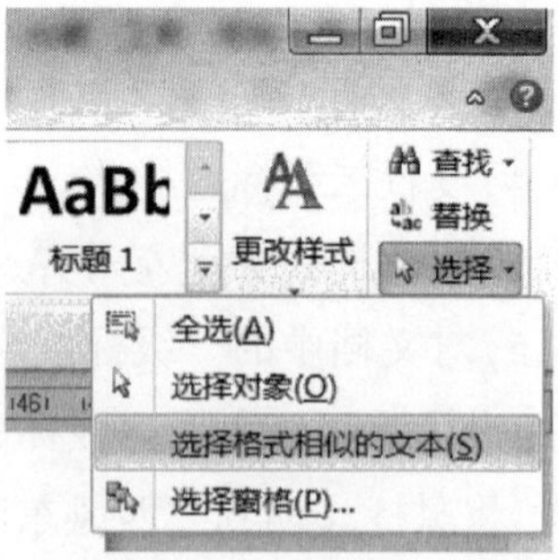

图 3-51　“选择”下拉框

(6)对文档中的二级标题应用“标题 2”样式。参照(5)的步骤，先选择一个蓝色文本段落，再选择所有格式类似的文本，最后单击应用样式“标题 2”。设置页面内容中所有蓝色的文字。

(7)添加多级编号。单击功能区“开始”选项卡→“段落”区域→多级列表按钮的下拉列表，选择“定义新的多级列表”，如图3-52所示。

此时打开了“定义新多级列表”的对话框，如图3-53所示。

①单击左上角的要更改的级别为“1”。如果看不到图3-53所示的右侧的“将级别链接到样式”等命令，则单击对话框左下角的按钮，展开右侧窗格后，按钮变为。

②设置级别关联到“标题1”，设置对话框左下方级别的编号样式为“一，二，三(简)”，设置右下方的起始编号为“一”，此时在“输入编号的格式”框中出现“一”，再在其前后填上文字“第”和“章”，形成“第一章”的格式。

③设置编号对齐方式为“左对齐”，文本缩进位置为“0.75厘米”，对齐位置为“0厘米”。选择编号之后为“制表符”，并设置制表符位置为“2厘米”。所有参数设置如图3-53所示。

④单击“设置所有级别”按钮，打开如图3-54所示的对话框。按照图示设置参数。

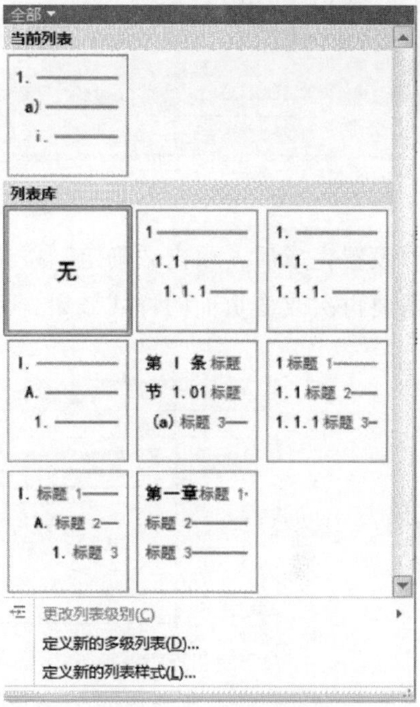

图3-52 “多级列表”下拉框

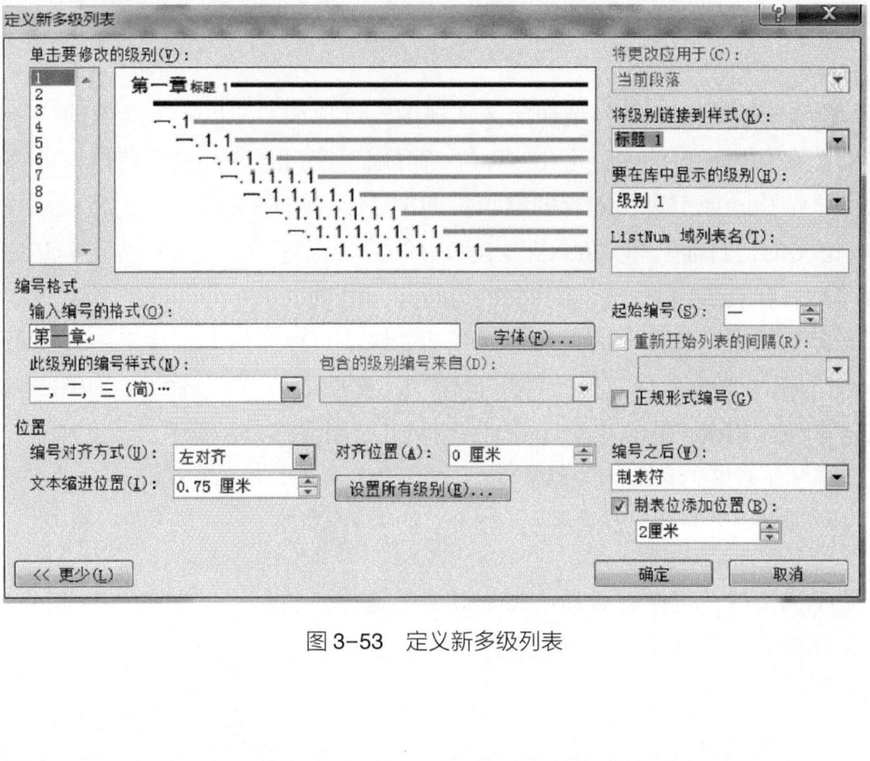

图3-53 定义新多级列表

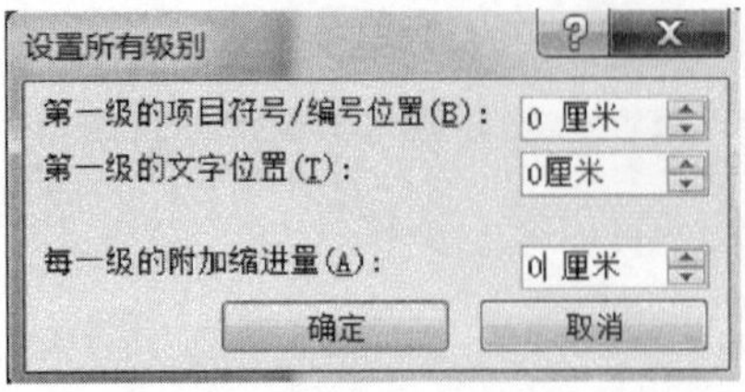

图 3-54 “设置所有级别”对话框

⑤参照上述步骤，再设置级别 2，将样式关联到“标题 2”，设置起始编号为“1”，选择编号样式为“1，2，3，…”勾选右下方的“重新开始列表的间隔”为“级别 1”，勾选“正规形式编号”，设置编号之后制表符位置为“1 厘米”，设置编号对齐方式为“左对齐”，文本缩进位置为“0. 75 厘米”，对齐位置为“0 厘米”，所有参数设置如图 3-55 所示。

设置完成后，单击“确定”按钮，即可看到页面样式已改变为需要的效果样式。 如果需要再次改变页面的样式效果，可以重新选定标题对象，再次设置样式。

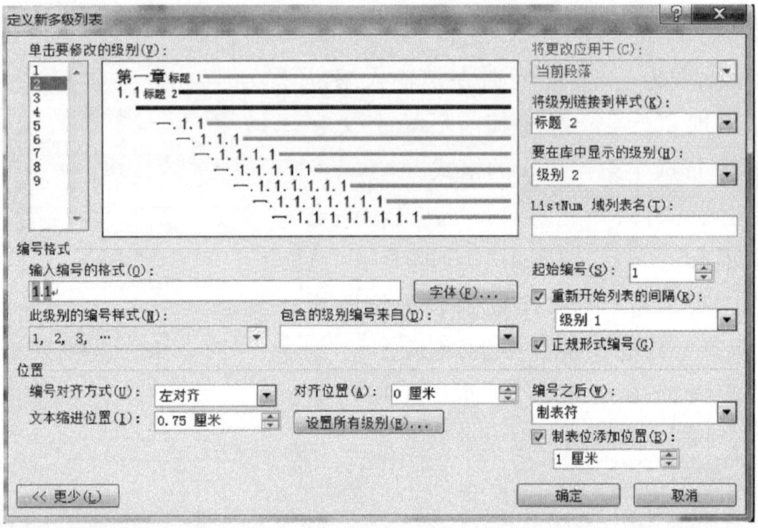

图 3-55 定义新多级列表框

(8)查看“导航窗格”。 勾选功能区“视图”选项卡→“显示”区域的“导航窗格”前的复选框，在文档窗口的左侧会出现一个“导航”窗口，通过这个窗口，可以清晰地看到全文的目录结构，便于进行内容的编辑，如图 3-56 所示。

(9)在论文的“封面”和“正文”之间，插入“分节符”。 为了便于编辑封面和正文之间不同的页眉和页脚信息，需要将文档进行分节处理。

①将光标移动到“封面”的最后，打开功能区“页面布局”选项卡→“页面设置”区域的分隔符按钮的下拉列表，选择“分节符”区域的“下一页”命令，如图 3-57 所示。此时，在这个位置出现了标志“分节符(下一页)”，如图 3-58 所示。

提示：如果看不到这个标志，可以选择功能区“文件”选项卡→“选项”区域，在打开的“Word 选项”对话框中选择左侧列表中的“显示”命令，并勾选右侧的“显示所有格式标记”，如图 3-59 所示。

②参照①的步骤，可以在文档中需要分节的地方，插入“分节符(下一页)”。

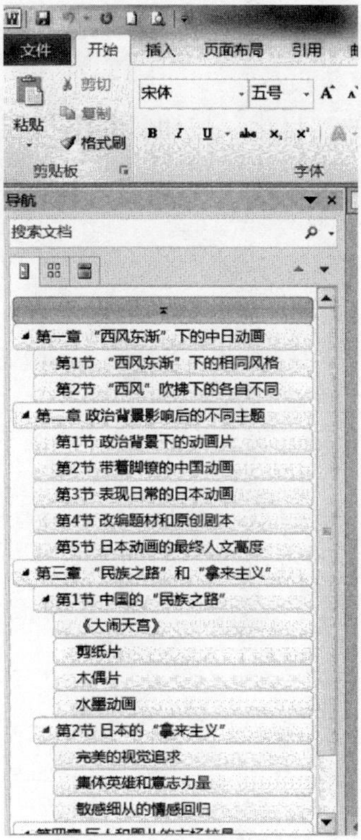

图 3-56 “导航”窗格

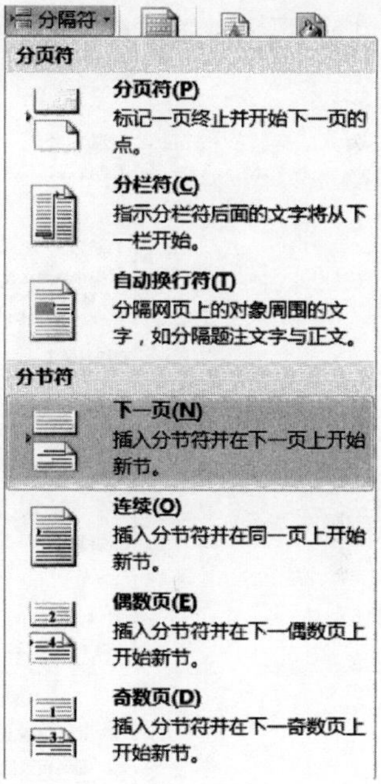

图 3-57 “分页符”下拉框

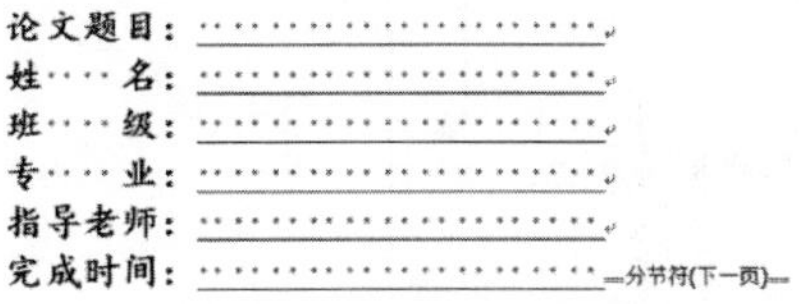

图 3-58 “分节符”标志

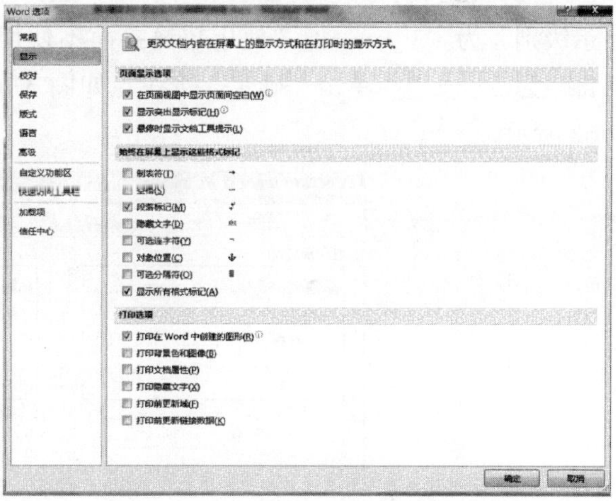

图 3-59 “Word 选项”设置

2. 添加目录

(1)将光标定位到“封面”内容之后，且在封面后面的“分节符”之前按【Enter】键，插入空段落，留出相应位置。

(2)打开功能区“引用”选项卡→“目录”区域的“目录”按钮，在下拉列表框中选择“插入目录”命令，如图3-60所示。

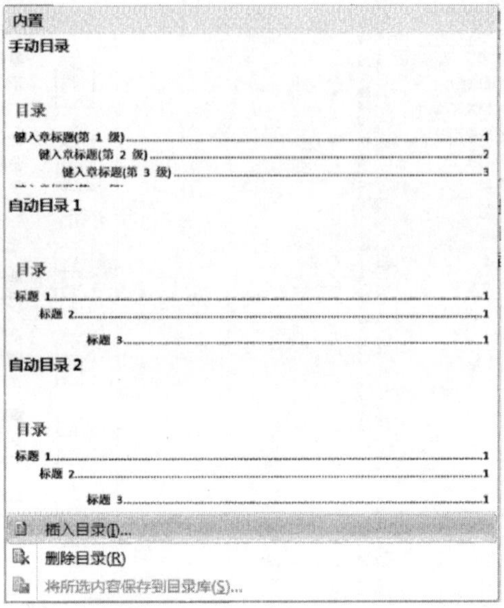

图3-60 “目录”下拉框

(3)此时，打开了“目录”对话框，选择一种格式，这里选择为“正式”；设置“显示级别”为“3”；去掉“使用超链接而不使用页码”前面的“√”，设置“制表符前导符”为“……”，单击“确定”按钮，如图3-61所示。设置完成后的目录效果如图3-62所示。

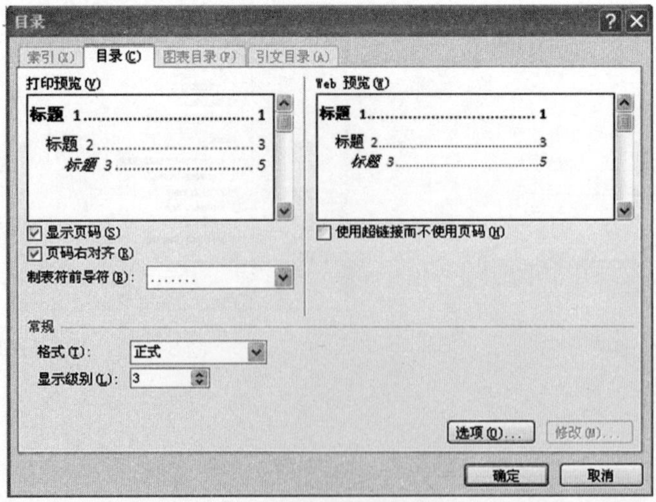

图3-61 设置“目录”对话框

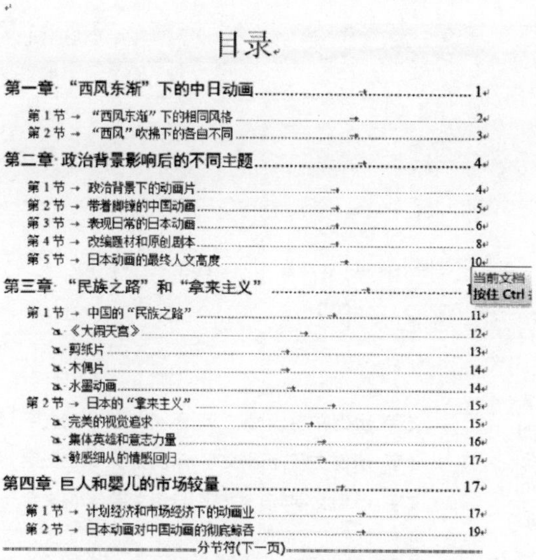
目录

第一章 "西风东渐"下的中日动画 1
第1节 "西风东渐"下的相同风格 2
第2节 "西风"吹拂下的各自不同 3
第二章 政治背景影响后的不同主题 4
第1节 政治背景下的动画片 4
第2节 带着脚镣的中国动画 5
第3节 表现日常的日本动画 6
第4节 改编题材和原创剧本 8
第5节 日本动画的最终人文高度 10
第三章 "民族之路"和"拿来主义" 1
第1节 中国的"民族之路" 11
《大闹天宫》 12
剪纸片 13
木偶片 14
水墨动画 14
第2节 日本的"拿来主义" 15
完美的视觉追求 15
集体英雄和意志力量 16
敏感细从的情感回归 17
第四章 巨人和婴儿的市场较量 17
第1节 计划经济和市场经济下的动画业 17
第2节 日本动画对中国动画的彻底鲸吞 19
分节符(下一页)

图 3-62 插入目录后页面效果

(4)再次编辑目录格式。①首先将光标定位于目录中，再次单击功能区"引用"选项卡→"目录"区域的"目录"按钮的下拉菜单→"插入目录"命令，打开"目录"对话框，单击"目录"对话框的"修改"按钮，打开"样式"对话框，如图3-63所示。在该对话框中选择目录1，单击"修改"按钮，即可打开如图3-64所示的"修改样式"对话框。

②通过"修改样式"对话框的"格式"按钮，即可对标题1进行修改。修改完成后，可以再选择目录2进行修改，使其符合论文的格式要求。

③修改完成后，单击"确定"按钮。此时会弹出如图3-65所示的询问对话框，单击"是"按钮即可完成目录替换。

提示：如果撰写论文后期，内容发生了变化，可以右键单击目录，在弹出的快捷菜单中选择"更新域"即可完成目录的更新。

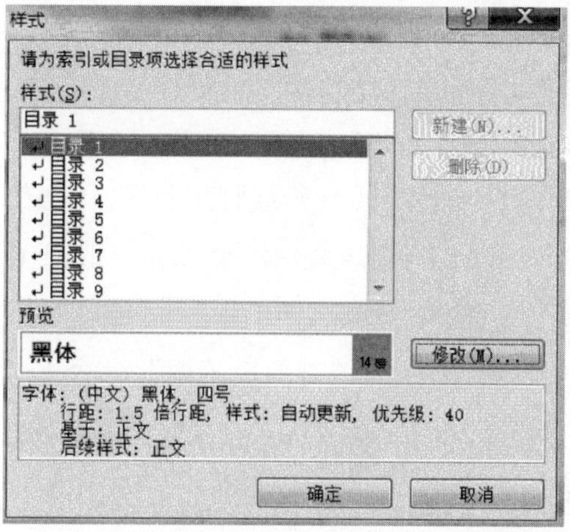

图 3-63 "样式"对话框

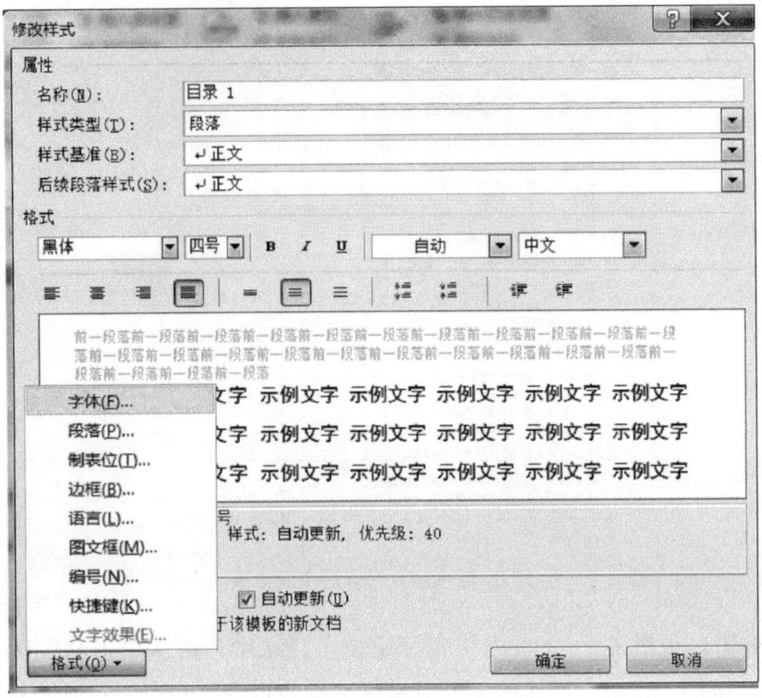

图 3-64 “修改样式”对话框

图 3-65 询问对话框

3. 论文正文部分添加奇偶页不同的页眉和页脚信息

(1)插入奇数页页眉。

①将光标定位于论文正文内，选择功能区“插入”选项卡→“页眉和页脚”区域的“页眉”按钮，在其下拉框中选择“编辑页眉”命令，如图 3-66 所示。

②此时，在功能区增加了一个“页眉和页脚工具”工具选项卡，如图 3-67 所示。先单击该选项卡“导航”区域的链接到前一条页眉按钮，取消 Word 自动产生的从当前节到前一节的页眉设置的自动关联。

③勾选该工具选项卡“选项”区的“奇偶页不同”命令。此时，光标在奇数页的页眉处闪动。

④单击功能区“开始”选项卡→“段落”区域→两端对齐按钮。此时光标在页眉的左端闪动。

⑤展开功能区“页眉和页脚工具”选项卡→“插入”区域→“文档部件”按钮的下拉

框，选择“域”命令，如图 3-68 所示。在打开的“域”对话框中，设置类别为“链接和引用”，域名为“StyleRef”，域属性为“标题 1”，同时勾选右侧的“插入段落编号”，如图 3-69 所示。

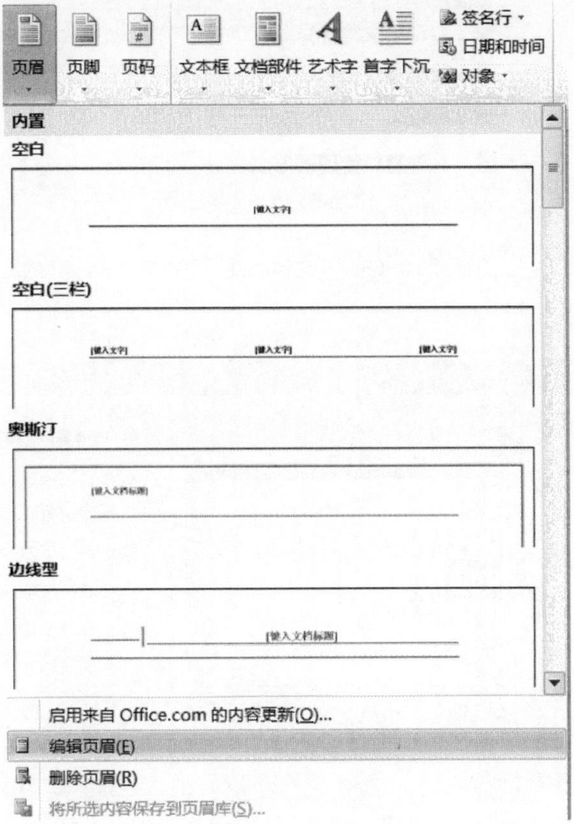

图 3-66 “页眉”下拉框

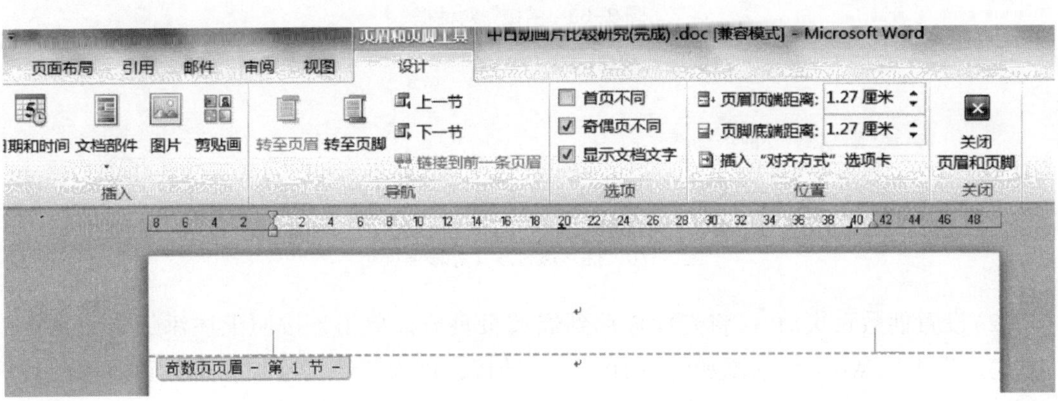

图 3-67 “页眉和页脚工具”选项卡

此时，第一章的标题“第一章‘西风东渐’下的中日动画”就自动出现在了第一章的页眉处了，如图 3-70 所示。

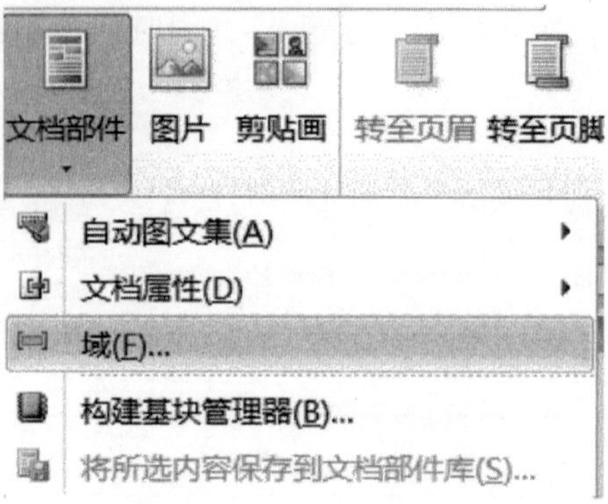

图 3-68 “文档部件”下拉框

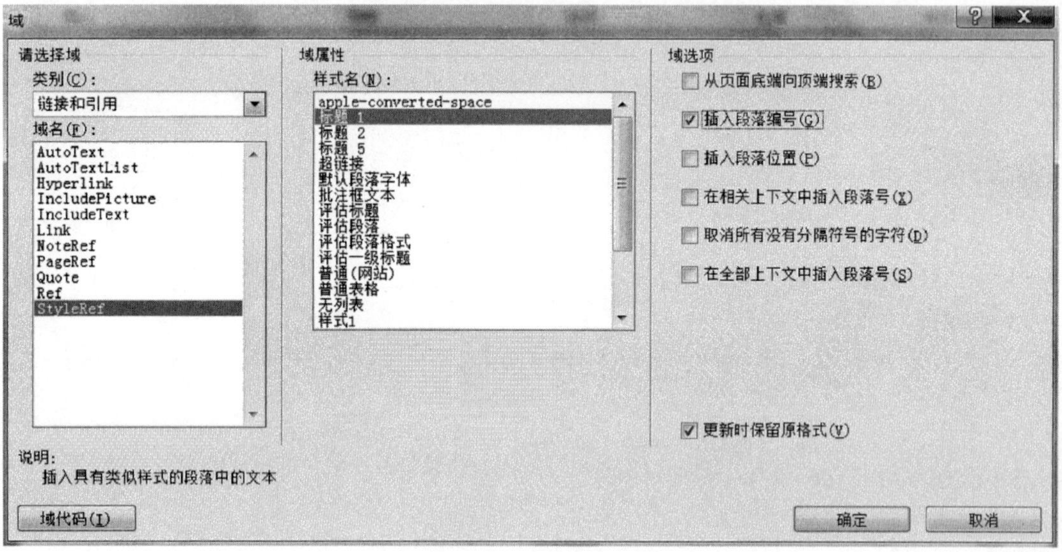

图 3-69 “域”对话框

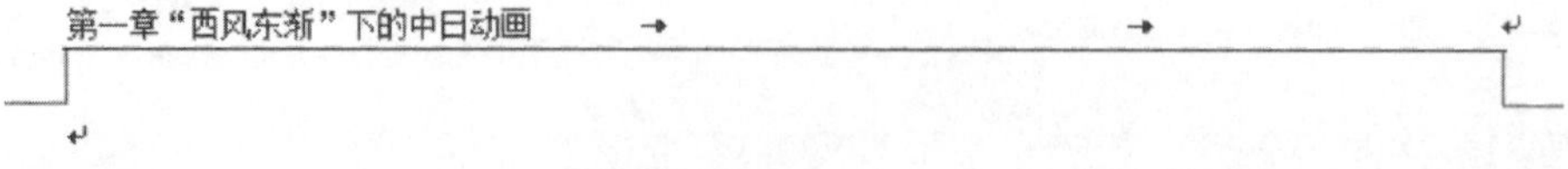

图 3-70 插入域标题 1 和段落编号

(2)设置偶数页页眉。将光标移动到偶数页页眉处单击，按照上述添加奇数页页眉的方式，先去掉 Word 自动添加的与前一节的链接，再为偶数页添加和奇数页对称的页眉效果。

(3)设置奇数页页脚。

①将光标移动到奇数页页脚处单击，取消

按钮的选择，再打开功能区

“页眉和页脚工具”选项卡→“页眉和页脚”区域→“页码”按钮的下拉框，选择“设置页码格式”，如图 3-71 所示。

②在打开的“页码格式”对话框中，设定编号格式为“1，2，3，…”，设置起始页码为“1”，如图 3-72 所示。

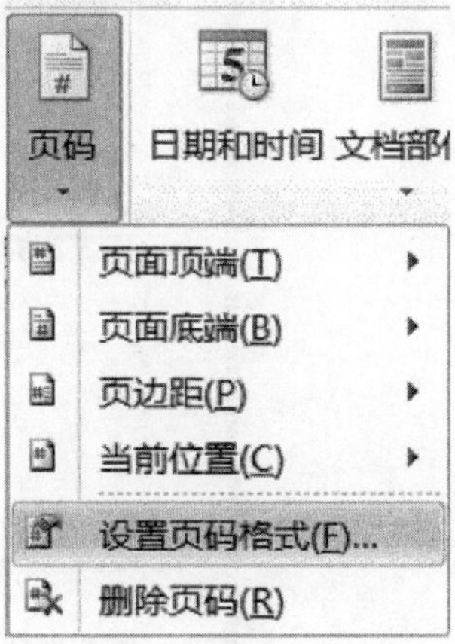

图 3-71 “页码”下拉框

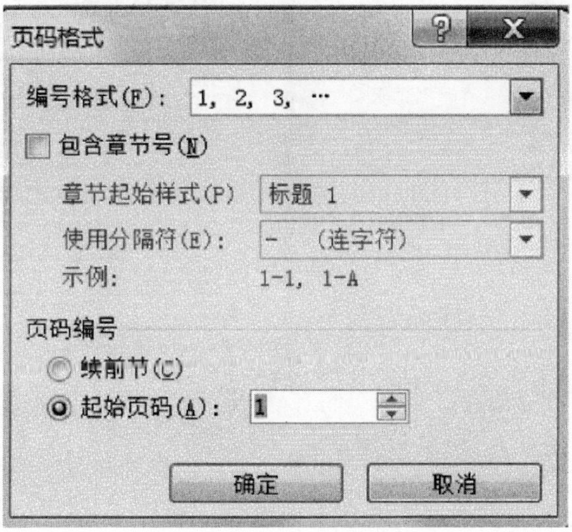

图 3-72 “页码格式”对话框

③单击“确定”按钮后，可再次选择“页码”下拉框的“页面底端”的居中方式，设置页码的位置。

(4) 设置偶数页页脚。将光标移动到偶数页页脚处单击，取消 链接到前一条页眉 按钮的选择，参照(3)的步骤设置偶数页的页脚。

图 3-73 所示为论文编辑和排版后的结果。

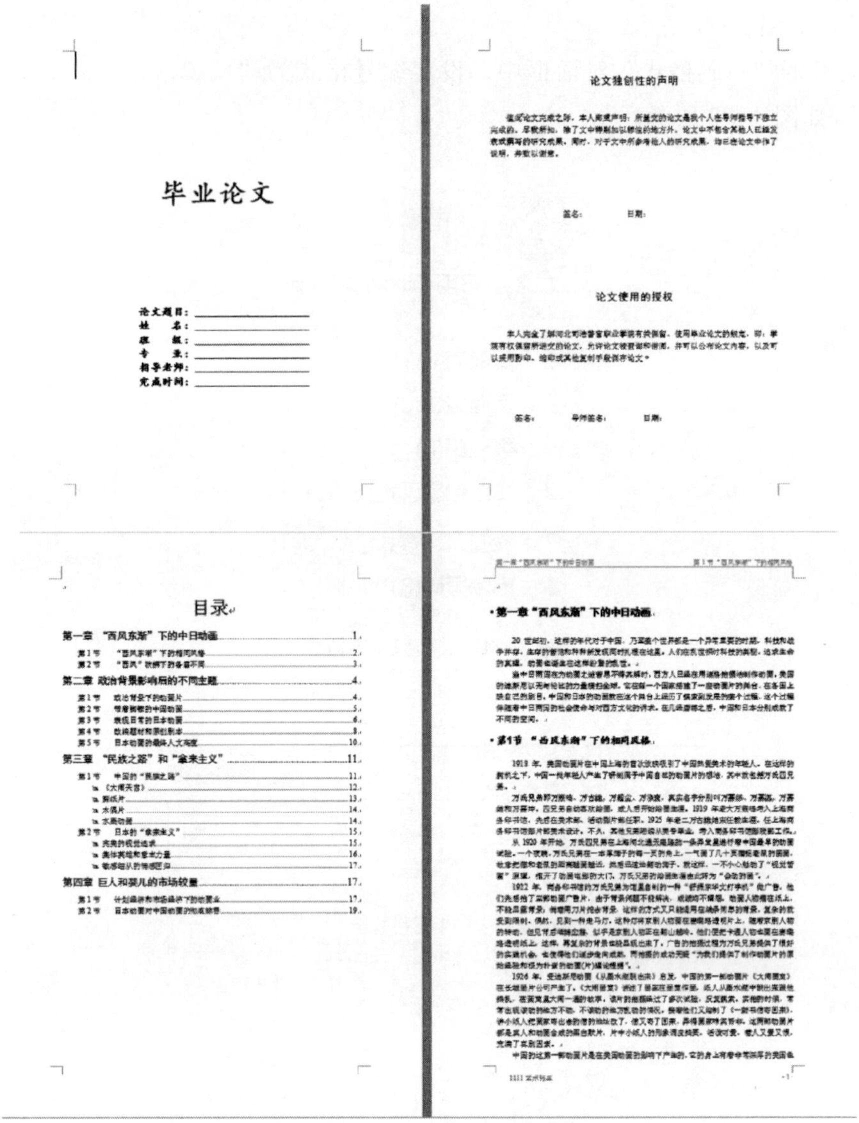

图 3-73 论文编辑和排版后的效果

4. 预览和打印

选择功能区"文件"选项卡→"打印"选项，即可在窗口中看到打印的参数和打印预览。 设置打印份数和纸张类型后，完成打印。

第4章

电子表格处理软件 Excel 2010

实验 4-1 工作表的编辑

实验目的

(1)了解 Excel 2010 基本知识。

(2)掌握工作表的建立和基本操作方法。

(3)掌握工作表的格式化操作。

实验内容

(1)启动、退出 Excel 2010 程序。

(2)在工作表中输入数据。

(3)工作表的基本操作。

(4)工作表的格式化。

实验步骤

1. 启动、退出 Excel 2010 程序

(1)单击“开始”按钮，选择“程序”→“Microsoft Office”→“Microsoft Excel 2010”，启动 Excel 2010。

(2)单击“文件”面板中的“保存”命令，打开“另存为”对话框，选择目标位置和输入文件名“成绩表”，单击“保存”按钮，Excel 2010 以“xlsx”格式保存工作簿文件。

(3)单击 Excel 2010 主窗口右上角的“关闭”按钮☒(或选择“文件”菜单中的“退出”命令)，关闭 Excel 2010 程序。

(4)双击“成绩表.xlsx”文件，启动 Excel 2010，对已保存的工作簿文件内容进行编辑、修改。

2. 输入数据

（1）启动 Excel 2010 后，默认创建一个包含三个工作表的文件，三个工作表的名称分别为“Sheet1”“Sheet2”和“Sheet3”，并且“Sheet1”为默认的活动工作表，默认进行的操作都是在“Sheet1”中操作的。

（2）在单元格上单击鼠标左键可以激活单元格，通过键盘可以输入数据。

（3）在单元格上双击鼠标左键可以使单元格进入编辑状态，修改已有数据。

（4）利用单元格右键菜单中的“插入”选项，可以插入行、列或单元格。

（5）单击最左上角第一个单元格，即 A 列与第 1 行交叉点 A1 位置，切换到中文输入法，输入“计算机系第 2 学期期末考试成绩表”，第二行从 A2 到 L2 依次输入“姓名”“学号”“语文”“数学”“英语”“物理”“化学”“总分”“平均分”“名次”“总分差距”和“成绩等级”。

（6）在第 1 列从 A3 到 A19，输入多个学生姓名，并在最后输入“各科最高分”“各科最低分”“各科及格率”和“各科优秀率”内容。

（7）在 B3 中输入“200701001”，然后按下【Ctrl】键的同时向下拖动该单元格黑色边框右下角拖动柄，以每次加 1 的方式填充学生姓名对应的学号。

（8）在各科对应的列下输入 0 ~100 数据表示成绩，输入完成后效果如图 4-1 所示。

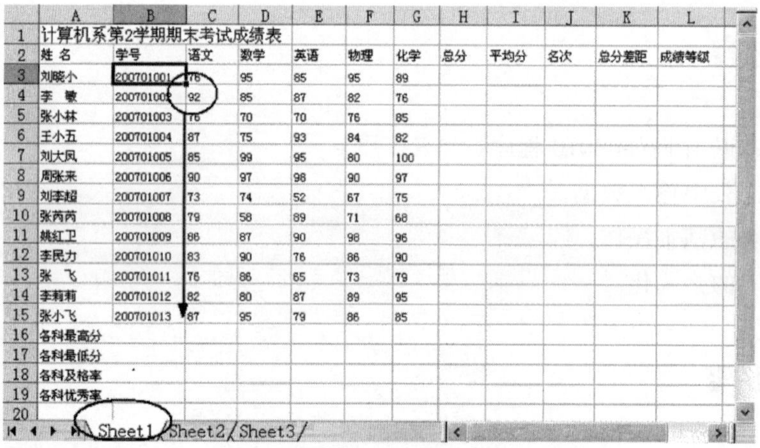

	A	B	C	D	E	F	G	H	I	J	K	L
1	计算机系第2学期期末考试成绩表											
2	姓 名	学号	语文	数学	英语	物理	化学	总分	平均分	名次	总分差距	成绩等级
3	刘晓小	200701001	76	95	85	95	89					
4	李 敏	200701002	92	85	87	82	76					
5	张小林	200701003	76	70	70	76	85					
6	王小五	200701004	87	75	93	84	82					
7	刘大凤	200701005	85	99	95	80	100					
8	周张来	200701006	90	97	98	90	97					
9	刘李超	200701007	73	74	52	67	75					
10	张芮芮	200701008	79	58	89	71	68					
11	姚红卫	200701009	86	87	90	98	96					
12	李民力	200701010	83	90	76	86	90					
13	张 飞	200701011	76	86	65	73	79					
14	李莉莉	200701012	82	80	87	89	95					
15	张小飞	200701013	87	95	79	86	85					
16	各科最高分											
17	各科最低分											
18	各科及格率											
19	各科优秀率											
20												

Sheet1 / Sheet2 / Sheet3

图 4-1　成绩表数据

3. 工作表的基本操作

（1）在工作表标签“Sheet1”上双击鼠标左键，在工作表标签编辑状态下更改名称为“计算机系”。类似方法双击“Sheet2”和“Sheet3”，更改名称为“外语系”和“中文系”。

（2）在“中文系”工作表为当前活动工作表的状态下，选择“插入”菜单中的“工作表”选项，在“中文系”工作表标签左边插入默认名称的工作表，双击标签更名为“机械系”。

（3）退出工作表标签编辑状态（在其他位置任意单击鼠标左键），在“机械系”标签上按下鼠标左键不放，向右拖动，将其拖动到“中文系”的右边。

(4)在“机械系”标签上单击鼠标右键，在出现的右键菜单中选择“插入”选项，打开 Excel“插入”对话框，从中列出了可选用的 Excel 模板，选择“常用”中的“工作表”选项，单击“确定”按钮。

(5)更改工作表标签为“数学系”，利用按钮 移动工作表标签到合适的显示位置，然后移动“数学系”表格到“机械系”右边如 计算机系 外语系 中文系 机械系 数学系 。

4. 工作表的格式化

(1)选择第 1 行单元格的 A1 到 L1，设置字体为“楷体”，文字大小为“18”。

(2)右击选定单元格，在弹出的快捷菜单中选择“设置单元格格式”命令，打开“设置单元格格式”对话框，切换到“对齐”选项卡，如图 4-2 所示。

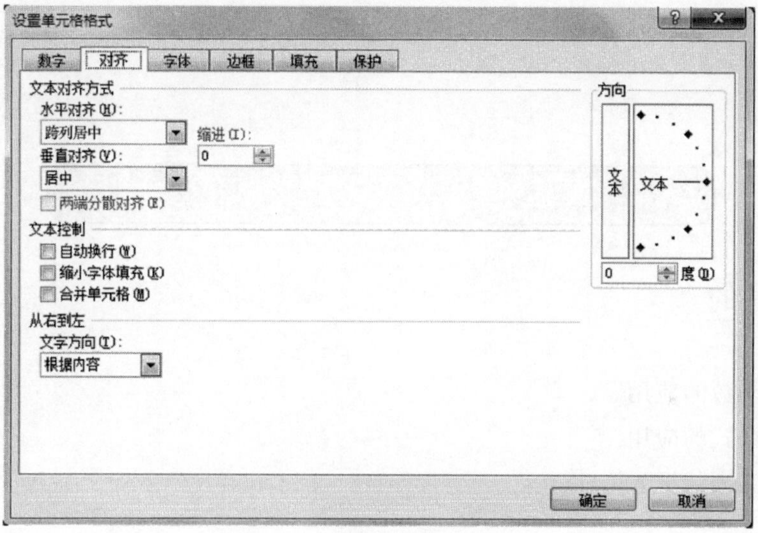

图 4-2 “设置单元格格式”对话框

(3)设置水平对齐方式为“跨列居中”，垂直对齐方式为“居中”，单击“确定”按钮。

(4)选择 A2 到 L19 单元格，在“设置单元格格式”对话框中设置对齐方式，水平方向和垂直方向都为“居中”。

(5)在“设置单元格格式”对话框中单击“边框”选项卡，首先在线条“样式”列表中单击左侧最下面的细实线，然后单击“内部”按钮 ；再选择线条“样式”为右边列表稍粗实线，然后单击“外边框”按钮 ，如图 4-3 所示。

(6)选择 A16 到 A19 及 B16 到 B19，即“各科最高分”“各科最低分”“各科及格率”“各科优秀率”及其右边的一个单元格，然后通过“设置单元格格式”对话框设置水平对齐方式为“居中”。

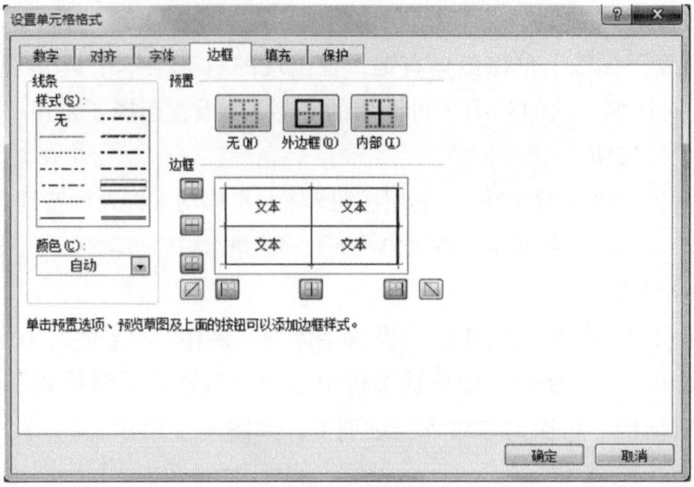

图 4-3　设置边框

实验 4-2　公式及函数的使用

实验目的

(1)掌握函数的应用。
(2)掌握公式的应用。
(3)掌握图表的插入方法。

实验内容

(1)计算全班总人数。
(2)计算学生各科总分及排名。
(3)计算每门课程的最高分。
(4)计算及格的人数。
(5)计算每门课程的及格率。
(6)插入和编辑图表。

实验步骤

1. 函数应用

在 Excel 2010 中制作学生成绩表，并输入如图 4-4 所示的内容。

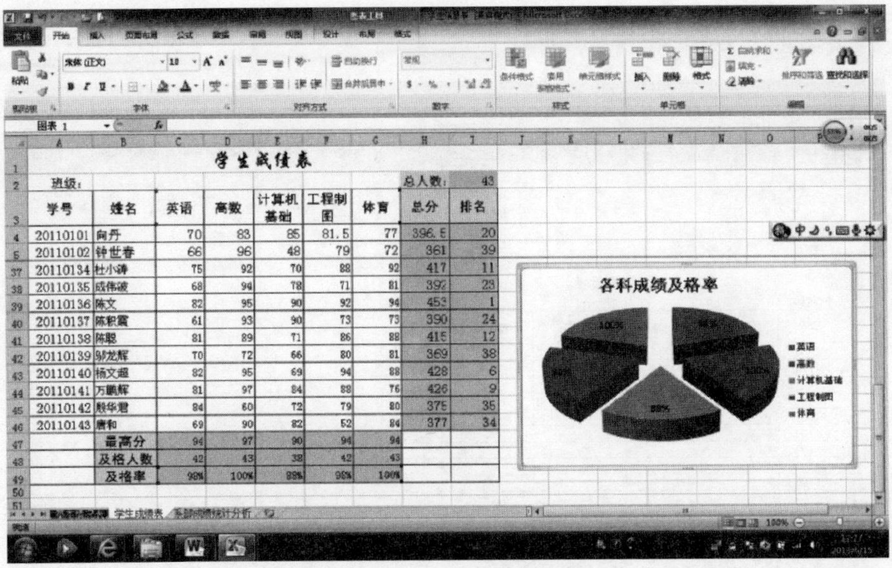

图 4-4　学生成绩表

(1)COUNT 函数。选中 I2 单元格，单击“开始”选项卡中的“自动求和”按钮 Σ·，在弹出的菜单中选择计数函数(COUNT)，如图 4-5 所示。确定后，按【Enter】键将结果显示在单元格 I2 中，如图 4-6 所示。

图 4-5　自动求和按钮

图 4-6　COUNT 函数结果显示

(2)SUM 函数。选中 H4 单元格，单击“开始”选项卡中的“自动求和”按钮 Σ·，在单元格中显示求和函数(SUM)和求和区域，如图4-7所示。确定后，按【Enter】键将结果显示在单元格H4中。拖动H4单元格向下填充至H46，完成其他学生各科成绩的求和计算。

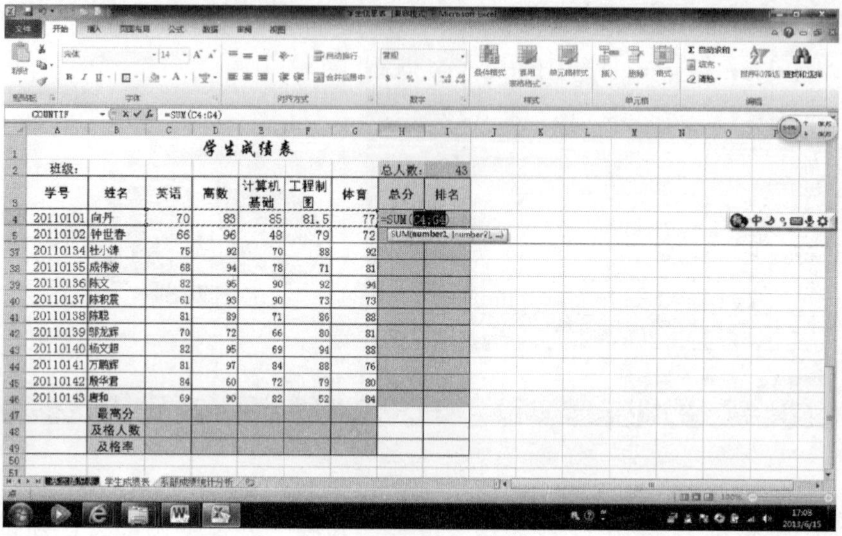

图4-7 SUM函数结果显示

(3)Max函数。选中C47单元格，单击开始选项卡中的“自动求和”按钮Σ·，在单元格中显示最大值函数(MAX)和求最大值区域，如图4-8所示。确定后，按【Enter】键将结果显示在单元格C47中。拖动C47单元格向右填充至G47，完成其他课程的最高分计算。

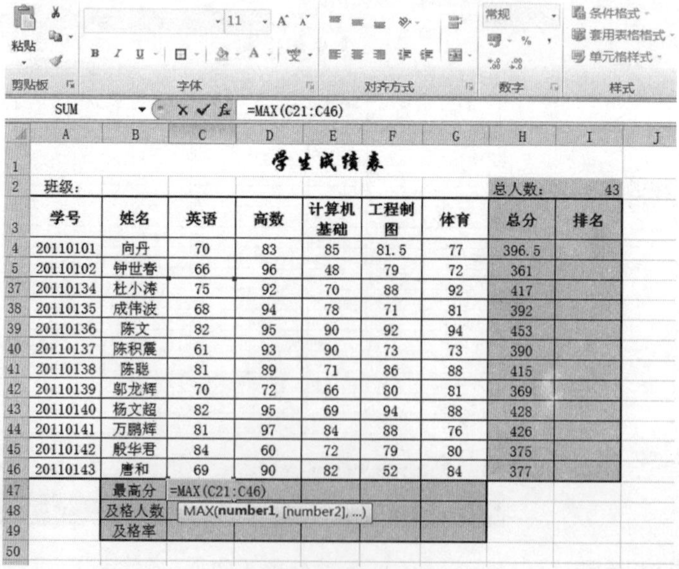

图4-8 MAX函数结果显示

(4) COUNTIF 函数。选中 C48 单元格，单击编辑栏处的“插入函数”按钮，弹出“插入函数”对话框，如图 4-9 所示，在对话框中的“或选择类别”下拉列表中选择“常用函数”，找到 COUNTIF 函数，单击“确定”按钮，弹出“函数参数”对话框，如图 4-10 所示，单击 Range 文本框处的折叠按钮，选择 C4 到 C46 单元格区域，再次单击折叠按钮；单击条件区域 Criteria 文本框，输入“> = 60”，单击“确定”按钮。拖动 C48 到 G48 完成及格人数的计算。

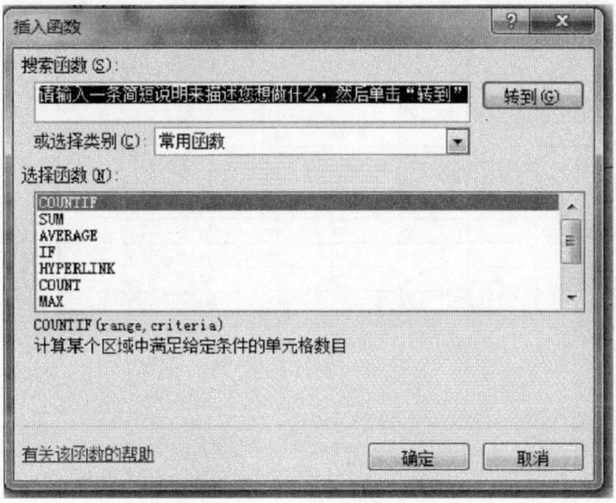

图 4-9 “插入函数”对话框

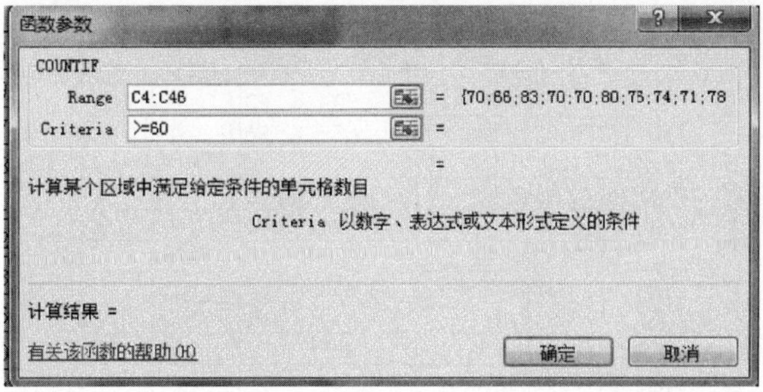

图 4-10 “函数参数”对话框

2. 公式应用

(1) 选中 L4 单元格，然后在公式栏中输入“=rank(H4，$H$4：$H$46)”，完成后按【Enter】键，这样就得到该学生总成绩的排名，拖动 L4 单元格向下填充至 L46 单元格，完成其他学生总成绩的排名，如图 4-11 所示。

(2) 选中 C49 单元格，然后在公式栏中输入“=C48/$I$2”，完成后按【Enter】键，这样就得到该课程的及格率，拖动 C49 到 H49 完成其他课程的及格率计算，如图 4-12 所示。

=RANK(H4,$H$4:$H$46)

学生成绩表

总人数: 43

姓名	英语	高数	计算机基础	工程制图	体育	总分	排名
	70	83	85	81.5	77	396.5	20
世春	66	96	48	79	72	361	
涛	75	92	70	88	92	417	
波	68	94	78	71	81	392	
	82	95	90	92	94	453	
震	61	93	90	73	73	390	
	81	89	71	86	88	415	
辉	70	72	66	80	81	369	
超	82	95	69	94	88	428	
辉	81	97	84	88	76	426	
君	84	60	72	79	80	375	
	69	90	82	52	84	377	

图 4-11 排名计算

C49 =C48/$I$2

学生成绩表

班级:

学号	姓名	英语	高数	计算机基础	工程制图
20110101	向丹	70	83	85	81.5
20110102	钟世春	66	96	48	79
20110134	杜小涛	75	92	70	88
20110135	成伟波	68	94	78	71
20110136	陈文	82	95	90	92
20110137	陈积震	61	93	90	73
20110138	陈聪	81	89	71	86
20110139	邬龙辉	70	72	66	80
20110140	杨文超	82	95	69	94
20110141	万鹏辉	81	97	84	88
20110142	殷华君	84	60	72	79
20110143	唐和	69	90	82	52
	最高分	85	97	90	94
	及格人数	42	43	38	42
	及格率	0.9767			

图 4-12 及格率计算

3. 插入图表

选中 C3：G3 单元格，按【Ctrl】键进行加选，同时拖动 C49：G49 单元格，如图 4-13 所示。单击“插入”选项卡中“图表”组中的“饼图”，选择“三维饼图”中的第二个，即分离型饼图，如图 4-14 所示，生成效果图后如图 4-15 所示。

图 4-13　选择数据

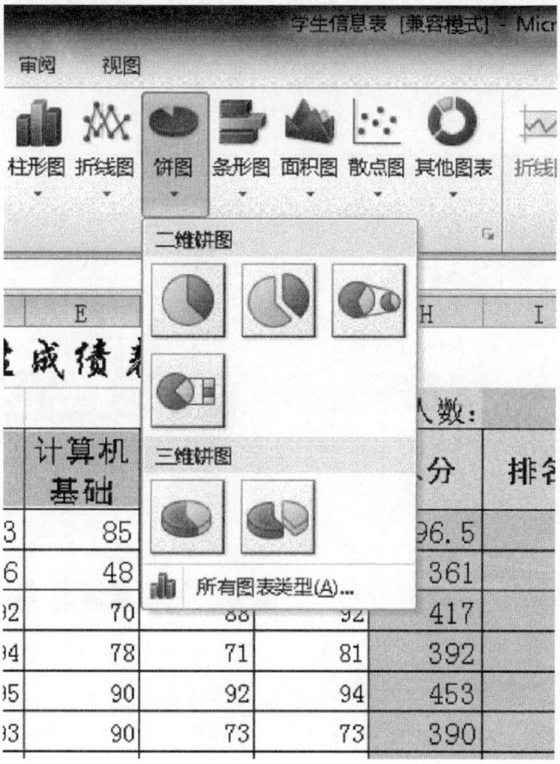

图 4-14　插入图表

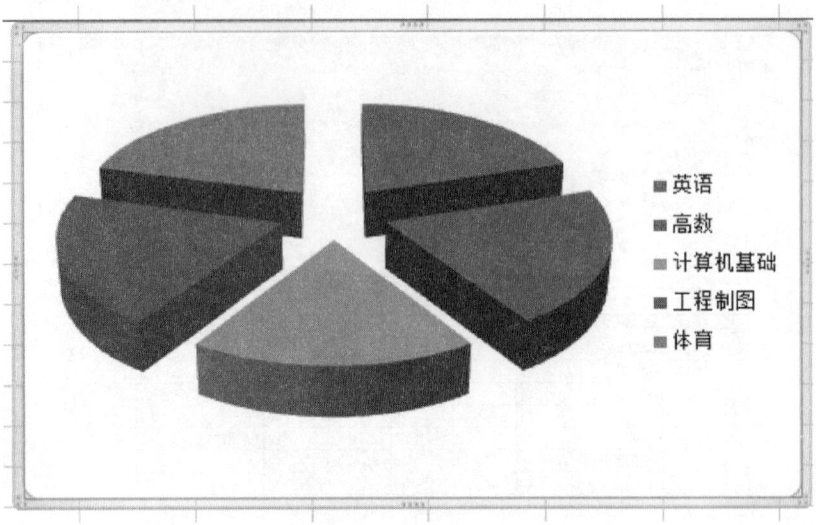

图 4-15　三维饼图效果图

4. 编辑图表

(1)添加图表标题。 选择图表，功能选项卡区域将会增加“图表工具”选项卡，单击“布局”，选择“图表标题”，设置标题在图表上方，如图 4-16 所示，然后在图表标题处输入“各科成绩及格率”，如图 4-17 所示。

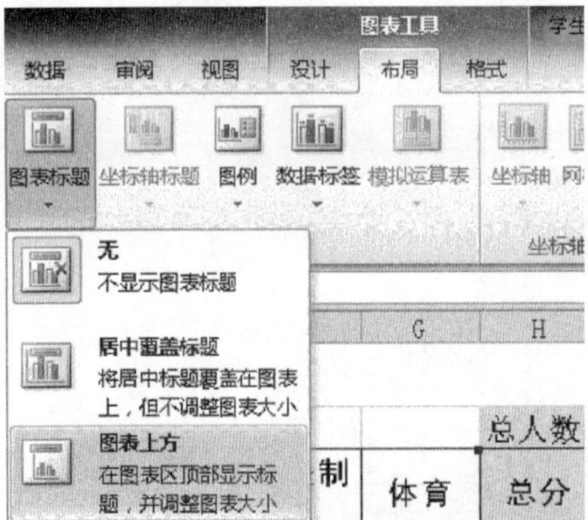

图 4-16　设置图表标题

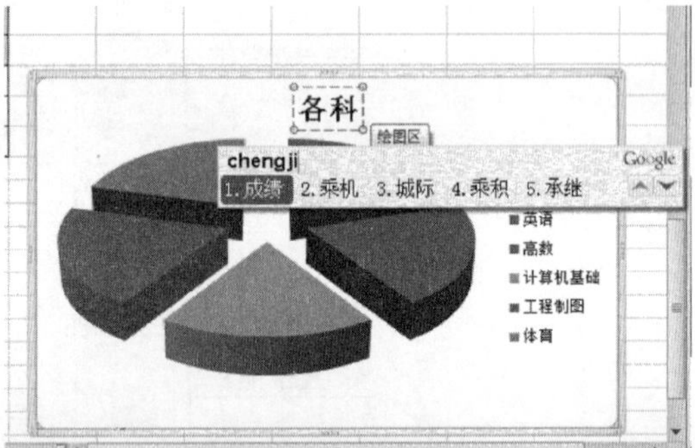

图 4-17　编辑标题

(2)添加数据标签。 选择图表，单击“布局”，选择数据标签，设置数据标签如图 4-18 所示。 设置数据格式，单击图表处的数据标签，数据标签被选中，在开始选项卡中设置数据格式，与普通文本设置相同，如图 4-19 所示。

图 4-18　添加数据标签

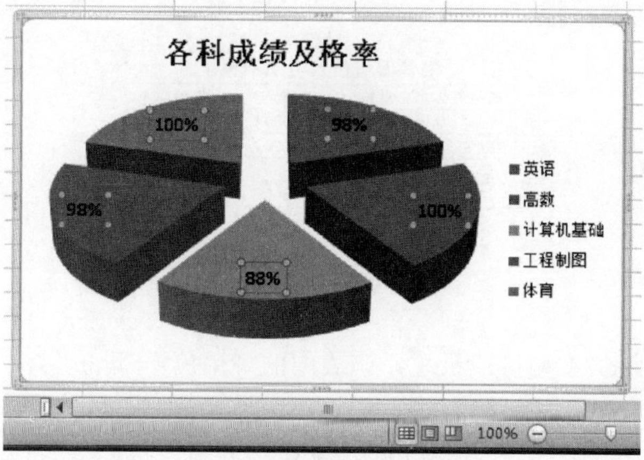

图 4-19　设置数据标签格式

实验 4-3　数据统计分析

实验目的

(1)掌握 Excel 的基本操作。

(2)掌握 Excel 表格的格式化。

(3)掌握 Excel 公式、函数(SUM，VLOOKUP)的运用。

(4)掌握 Excel 排序与分类汇总方法。

(5)掌握 Excel 透视表的制作方法。

实验内容

(1)在 Excel 2010 中制作各个工作表。

(2)制作“透视表”工作表。

实验背景

商场经营者经常需要处理一些枯燥而又庞大的商品数据，例如，需要根据每种商品的进价和售价，以及各商品的销售情况，计算出商场的毛利润，并进行相关的数据统计。如果利用手工进行计算，则效率低下，而且容易出错，此时，若利用 Excel 电子表格进行数据分析计算则可大大地提高效率。 如图 4-20、图 4-21、图 4-22、图 4-23 和图 4-24 所示的是一家珠宝商店的 Excel 格式的商品销售数据(一个工作簿里有 5 张工作表)。

图 4-20 所示的是珠宝店各商品进价售价明细表，表格进行了简单的格式化操作。

	A	B	C	D
1	各商品进价售价明细表			
2	商品名称	单位	进价	售价
3	水晶	颗	1000	1350
4	红宝石	颗	2000	2400
5	蓝宝石	颗	2850	3200
6	钻石	颗	3000	3680
7	珍珠	粒	2500	2800
8				

图 4-20 各商品进价售价明细表

图 4-21 所示的是员工销售记录表，该表中的“单位”“进价”和“售价”列的数据通

员工销售记录表										
销售日期	员工编号	职员姓名	商品名称	销售量	单位	进价	售价	销售额	毛利润	毛利率
2月1日	ID050103	林啸序	水晶	2	颗	1000	1350	2700	700	26%
2月1日	ID050107	刘笔畅	红宝石	5	颗	2000	2400	12000	2000	17%
2月1日	ID050104	萧遥	水晶	1	颗	1000	1350	1350	350	26%
2月2日	ID050108	曹惠阳	蓝宝石	4	颗	2850	3200	12800	1400	11%
2月2日	ID050101	高天	钻石	3	颗	3000	3680	11040	2040	18%
2月3日	ID050103	林啸序	红宝石	3	颗	2000	2400	7200	1200	17%
2月3日	ID050106	蔡清	珍珠	2	粒	2500	2800	5600	600	11%
2月4日	ID050106	蔡清	珍珠	3	粒	2500	2800	8400	900	11%
2月4日	ID050101	高天	蓝宝石	5	颗	2850	3200	16000	1750	11%
2月5日	ID050111	陈晓晓	蓝宝石	1	颗	2850	3200	3200	350	11%
2月6日	ID050108	曹惠阳	水晶	2	颗	1000	1350	2700	700	26%
2月6日	ID050110	李木子	珍珠	4	粒	2500	2800	11200	1200	11%
2月6日	ID050107	刘笔畅	水晶	4	颗	1000	1350	5400	1400	26%
2月7日	ID050111	陈晓晓	珍珠	3	粒	2500	2800	8400	900	11%
2月7日	ID050112	安飞	红宝石	3	颗	2000	2400	7200	1200	17%
2月8日	ID050104	萧遥	红宝石	2	颗	2000	2400	4800	800	17%
2月8日	ID050112	安飞	蓝宝石	1	颗	2850	3200	3200	350	11%
2月9日	ID050110	李木子	水晶	5	颗	1000	1350	6750	1750	26%

图 4-21 员工销售记录表

过 VLOOKUP 函数从“各商品进价售价明细表”工作表中查找获得，“销售额”“毛利润”和“毛利率”列的数据通过数学公式计算得到。

图 4-22 所示的是按销售日期汇总的员工销售记录表。

员工销售记录表										
销售日期	员工编号	职员姓名	商品名称	销售量	单位	进价	售价	销售额	毛利润	毛利率
2月1日	ID050103	林啸序	水晶	2	颗	1000	1350	2700	700	26%
2月1日	ID050107	刘笔畅	红宝石	5	颗	2000	2400	12000	2000	17%
2月1日	ID050104	萧遥	水晶	1	颗	1000	1350	1350	350	26%
2月2日	ID050108	曹惠阳	蓝宝石	4	颗	2850	3200	12800	1400	11%
2月2日	ID050101	高天	钻石	3	颗	3000	3680	11040	2040	18%
2月3日	ID050103	林啸序	红宝石	3	颗	2000	2400	7200	1200	17%
2月3日	ID050106	蔡清	珍珠	2	粒	2500	2800	5600	600	11%
2月4日	ID050106	蔡清	珍珠	3	粒	2500	2800	8400	900	11%
2月4日	ID050101	高天	蓝宝石	5	颗	2850	3200	16000	1750	11%
2月5日	ID050111	陈晓晓	蓝宝石	1	颗	2850	3200	3200	350	11%
2月6日	ID050108	曹惠阳	水晶	2	颗	1000	1350	2700	700	26%
2月6日	ID050110	李木子	珍珠	4	粒	2500	2800	11200	1200	11%
2月6日	ID050107	刘笔畅	水晶	4	颗	1000	1350	5400	1400	26%
2月7日	ID050111	陈晓晓	珍珠	3	粒	2500	2800	8400	900	11%
2月7日	ID050112	安飞	红宝石	3	颗	2000	2400	7200	1200	17%
2月8日	ID050104	萧遥	红宝石	2	颗	2000	2400	4800	800	17%
2月8日	ID050112	安飞	蓝宝石	1	颗	2850	3200	3200	350	11%
2月9日	ID050110	李木子	水晶	5	颗	1000	1350	6750	1750	26%

图 4-22　员工销售记录表(按销售日期汇总)

图 4-23 所示的是按商品名汇总的员工销售记录表。

1				员工销售记录表							
2	销售日期	员工编号	职员姓名	商品名称	销售量	单位	进价	售价	销售额	毛利润	毛利率
3	2月1日	ID050107	刘笔畅	红宝石	5	颗	2000	2400	12000	2000	17%
4	2月3日	ID050103	林啸序	红宝石	3	颗	2000	2400	7200	1200	17%
5	2月7日	ID050112	安飞	红宝石	3	颗	2000	2400	7200	1200	17%
6	2月8日	ID050104	萧遥	红宝石	2	颗	2000	2400	4800	800	17%
7				红宝石 汇总					31200	5200	
8	2月2日	ID050108	曹惠阳	蓝宝石	4	颗	2850	3200	12800	1400	11%
9	2月4日	ID050101	高天	蓝宝石	5	颗	2850	3200	16000	1750	11%
10	2月5日	ID050111	陈晓晓	蓝宝石	1	颗	2850	3200	3200	350	11%
11	2月8日	ID050112	安飞	蓝宝石	1	颗	2850	3200	3200	350	11%
12				蓝宝石 汇总					35200	3850	
13	2月1日	ID050103	林啸序	水晶	2	颗	1000	1350	2700	700	26%
14	2月1日	ID050104	萧遥	水晶	1	颗	1000	1350	1350	350	26%
15	2月6日	ID050108	曹惠阳	水晶	2	颗	1000	1350	2700	700	26%
16	2月6日	ID050107	刘笔畅	水晶	4	颗	1000	1350	5400	1400	26%
17	2月9日	ID050110	李木子	水晶	5	颗	1000	1350	6750	1750	26%
18				水晶 汇总					18900	4900	
19	2月3日	ID050106	蔡清	珍珠	2	粒	2500	2800	5600	600	11%
20	2月4日	ID050106	蔡清	珍珠	3	粒	2500	2800	8400	900	11%
21	2月6日	ID050110	李木子	珍珠	4	粒	2500	2800	11200	1200	11%
22	2月7日	ID050111	陈晓晓	珍珠	3	粒	2500	2800	8400	900	11%
23				珍珠 汇总					33600	3600	
24	2月2日	ID050101	高天	钻石	3	颗	3000	3680	11040	2040	18%
25				钻石 汇总					11040	2040	
26				总计					129940	19590	

图 4-23　员工销售记录表(按商品名汇总)

图 4-24 所示的是员工销售记录的透视表，页字段为“销售日期”，行字段为“职员姓名”，列字段为“商品名称”，数据项(求和)为“销售额”。

现在就以此实例来学习如何利用 Excel 进行商品销售数据的统计与分析。

销售日期	(全部)					
求和项:销售额	商品名称					
职员姓名	红宝石	蓝宝石	水晶	珍珠	钻石	总计
安飞	7200	3200				10400
蔡清				14000		14000
曹惠阳		12800	2700			15500
陈晓晓		3200		8400		11600
高天		16000			11040	27040
李木子			6750	11200		17950
林啸序	7200		2700			9900
刘笔畅	12000		5400			17400
萧遥	4800		1350			6150
总计	31200	35200	18900	33600	11040	129940

图 4-24 透视表

实验步骤

1. 制作“各商品进价售价明细表”工作表

(1) 新建一个空白工作簿，将“Sheet1”工作表重命名为“各商品进价售价明细表”。

(2) 表格标题：合并 A1: D1 单元格区域，输入表格标题“各商品进价售价明细表”，水平居中，字体加粗，12 号大小。

(3) 表格部分：先在第 2 行输入列标题：“商品名称”“单价”“进价”“售价”，字体加粗，10 号大小，水平居中；然后再根据商品进售价的实际情况，逐行输入数据，数据行字体 10 号大小，水平居中；最后为表格添加内外所有框线，如图 4-20 所示。

2. 制作“员工销售记录表”工作表

(1) 将“Sheet 2”工作表重命名为“员工销售记录表”。

(2) 根据员工销售的实际情况，制作如图 4-22 所示结构的表格。

(3) 在 F3 单元格(位于“单位”列) 输入公式：=VLOOKUP(D3，各商品进价售价明细表! $ A $ 2: $ D $ 7，2，FALSE)。

提示：上面公式里的 VLOOKUP 函数表示 F3 单元格里的数据是这样计算得来的：首先算出 D3 单元格的数值为“水晶”，然后再到“各商品进价售价明细表”工作表的 $ A $ 2: $ D $ 7 区域里查找第一列字段值为“水晶”的数据行，查找到了是第 3 行，最后返回该行的第 2 个字段值为“颗”。

(4) 在 G3 单元格(位于“进价”列) 输入公式：=VLOOKUP(D3，各商品进价售价明细表! $ A $ 2: $ D $ 7，3，FALSE)。

(5) 在 H3 单元格(位于“售价”列) 输入公式：=VLOOKUP(D3，各商品进价售价明细表! $ A $ 2: $ D $ 7，4，FALSE)。

(6) 在 I3 单元格(位于“销售额”列) 输入公式：=H3 * E3

(7) 在 J3 单元格(位于“行利润”列) 输入公式：=I3-G3 * E3

(8) 在 K3 单元格(位于“毛利率”列) 输入公式：=J3/I3

(9) 选中 F3：K3 单元格区域，鼠标按住填充柄向下填充至第 20 行。

3. 制作“员工销售记录表(按销售日期汇总)”工作表

(1)将“Sheet3”工作表重命名为“员工销售记录表(按销售日期汇总)”。

(2)将“员工销售记录表”工作表里的所有内容复制到“员工销售记录表(按销售日期汇总)”工作表中。

(3)选择 A2: K20 单元格区域，执行 Excel 菜单命令“数据”→“分类汇总”，弹出“分类汇总”对话框，其设置如下：分类字段为“销售日期”，汇总方式为“求和”，选定汇总项为“销售额”和“毛利润”。

4. 制作“员工销售记录表(按商品名汇总)”工作表

(1)新建一个工作表，命名为“员工销售记录表(按商品名汇总)”。

(2)将“员工销售记录表”工作表里的所有内容复制到“员工销售记录表(按商品名汇总)”工作表中。

(3)按“商品名称”列进行排序：选择 A2: K20 单元格区域，执行 Excel 菜单命令“数据”→“排序”，弹出“排序”对话框，在“主要关键字”下拉列表框里选择“商品名称”。

(4)按“商品名称”汇总：该操作与步骤 3 的制作“员工销售记录表(按销售日期汇总)”工作表相同，这里不再赘述。

提示：按“销售日期”汇总前，并没有进行排序操作，是因为原表已经按“销售日期”进行排序了。

5. 制作“透视表”工作表

(1)单击选择“员工销售记录表”工作表。

(2)执行 Excel 菜单命令“插入”→“数据透视表”，按图 4-25 设置各字段。

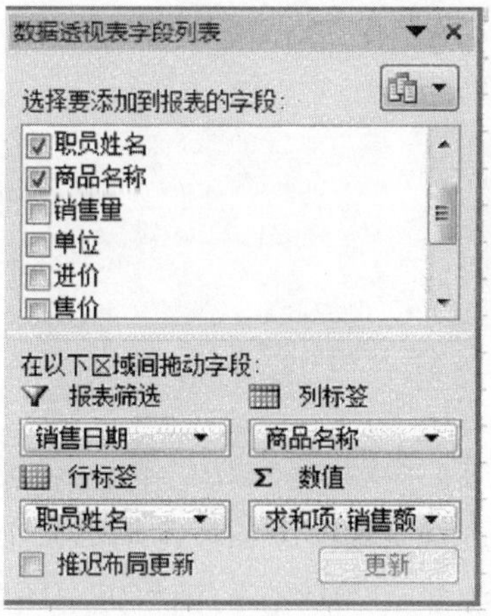

图 4-25 创建员工销售记录的“透视表”各字段设置

(3)将工作表重命名为“透视表”。该透视表如图 4-25 所示。

(4)单击常用工具栏上的“保存”按钮，对工作簿进行保存。至此，商品销售数据的统计与分析工作簿制作完成。

第 5 章

演示文稿制作软件 PowerPoint 2010

实验 5－1　PowerPoint 2010 基本操作

实验目的

(1)熟练启动 PowerPoint 2010 程序及创建、保存文档。

(2)熟悉 PowerPoint 2010 的操作界面。

(3)能应用幻灯片主题、版式来统一演示文稿的风格。

(4)熟练完成幻灯片的创建、添加、移动等编辑操作。

(5)熟练使用各种图形对象及表格来增强演示文稿的感染力。

(6)能为幻灯片添加备注。

实验内容

(1)在幻灯片中添加文本。

(2)对幻灯片进行基本操作。

(3)应用幻灯片版式。

(4)在幻灯片中添加图形。

实验背景

市场竞争日益激烈，为完成公司董事会 2019 年下半年的销售目标，公司必须提高销售队伍人员素质，对销售人员进行实战训练和技术培训。公司人力资源部与市场部接到销售培训的任务后，由人力资源部及 2018 年的销售冠军团队的市场部西南片区大区经理共同完成此项工作。培训对象为各大片区销售团队的小区经理及下属组长，主题为“打造力创一流销售团队”。现由人力资源部负责制作此次培训所需的演示文稿。演示文稿效果如图 5-1 所示。

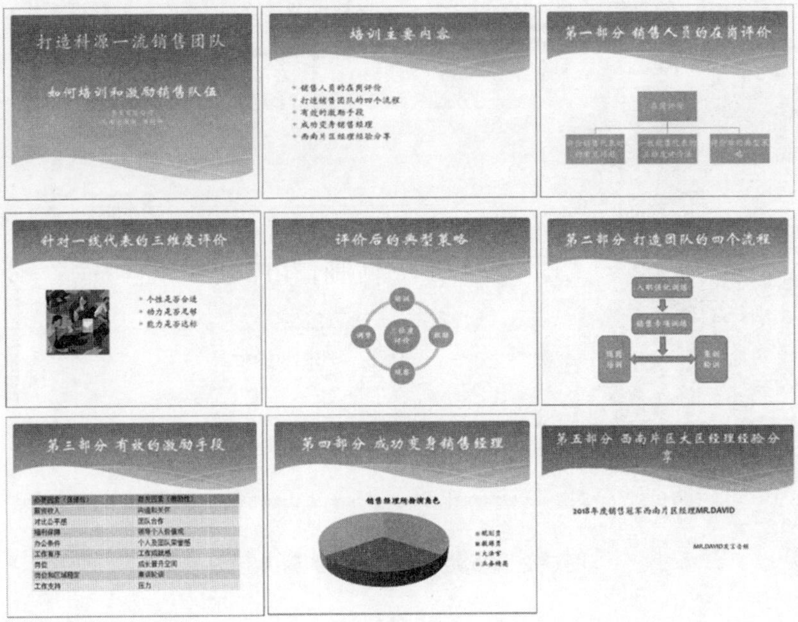

图 5-1　“打造力创一流销售团队”演示文稿效果图

实验步骤

1. 启动 PowerPoint 2010 应用程序及创建文档

(1) 单击“开始”按钮，打开“开始”菜单，选择“所有程序”→“Microsoft Office”→“Microsoft PowerPoint 2010”命令，启动 PowerPoint 2010 应用程序。

提示：启动 PowerPoint 2010 的方法与启动 Word 2010 及 Excel 2010 类似。

(2) 启动 PowerPoint 程序后，系统将自动新建一个空白文档“演示文稿 1”，如图 5-2 所示。其窗口由标题栏、菜单栏、工具栏、大纲窗格、幻灯片窗格、备注窗格和任务窗格等部分组成。

提示：由于同为 Microsoft Office 系列软件，PowerPoint 2010 的窗口与 Word 2010 及 Excel 2010 工作窗口基本相同，所不同的是它的工作窗口分为 3 个部分。

①缩略图窗格：显示每个完整大小幻灯片的缩略图版本。添加其他幻灯片后，可以单击“幻灯片”选项卡上的缩略图使该幻灯片显示在“幻灯片”窗格中。也可以拖动缩略图重新排列演示文稿中的幻灯片，还可以在“幻灯片”选项卡上添加或删除幻灯片。

②幻灯片窗格：用于编辑和显示幻灯片的内容，可以在其中输入文本或插入图片、图表和其他对象(表、图表、图形、等号或其他形式的信息。例如，在一个应用程序中创建的对象，如果链接或嵌入到另一个程序中，就是 OLE 对象)。

③备注窗格：可以输入关于当前幻灯片的备注。可以将备注分发给观众，也可以在播放演示文稿时查看“演示者”视图中的备注。

用户可以用鼠标拖动窗格之间的分界线，以改变各个窗格的大小。

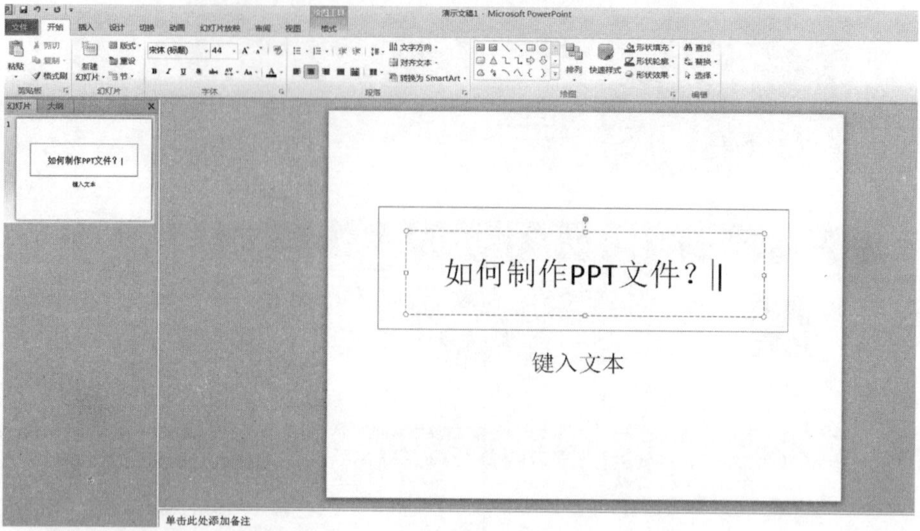

图 5-2　PowerPoint 2010 的窗口组成

2. 保存演示文稿

(1)单击“文件”→“保存”命令，打开“另存为”对话框。

(2)将演示文稿以“打造科源一流销售团队”为名，保存在“D: \科源有限公司\人力资源部\销售培训”文件夹中，保存类型为“PowerPoint 演示文稿”，如图 5-3 所示。

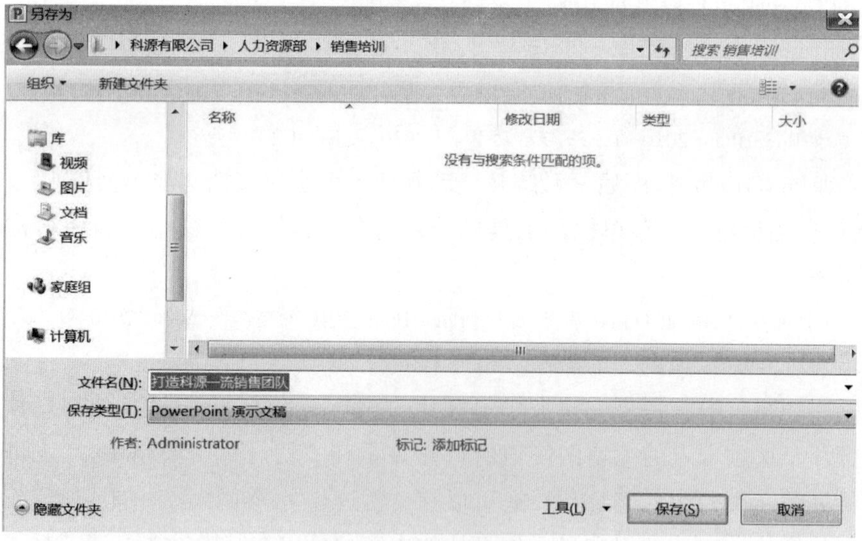

图 5-3　“另存为”对话框

(3)单击“保存”按钮。

提示：在实验 3-1 中，强调了及时保存文档的重要性，也介绍了其他保存方式，这些方法同样适用于本项目的文档保存工作。此外，也可使用自动保存功能，方法是单击“文件”→“选项”命令，打开“PowerPoint 选项”对话框，在左侧的列表中选择“保存”选项后进行设置，如图 5-4 所示。

图 5-4 “PowerPoint 选项”对话框

3. 应用幻灯片主题

(1)单击“设计”→“主题”→“其他”按钮，打开如图 5-5 所示的“所有主题”下拉菜单。

(2)在“内置”列表中选择“波形”主题后，所选主题将应用于所有幻灯片中，效果如图 5-6 所示。

图 5-5 “所有主题”下拉菜单

图 5-6　应用“波形”主题的效果

提示：在演示文稿中应用主题可以简化专业设计师水准的演示文稿的创建过程。不仅可以在 PowerPoint 中使用主题颜色、字体和效果，而且还可以在 Excel、Word 和 Outlook 中使用它们，这样演示文稿、文档、工作表和电子邮件就可以具有统一的风格。此外，用户也可自定义 PowerPoint 2010 中的主题。

4. 编辑演示文稿内容

(1)制作封面幻灯片。 在默认情况下，演示文稿的第 1 张幻灯片的版式为如图 5-7 所示的“标题幻灯片”版式，此类版式一般可作为演示文稿的封面。

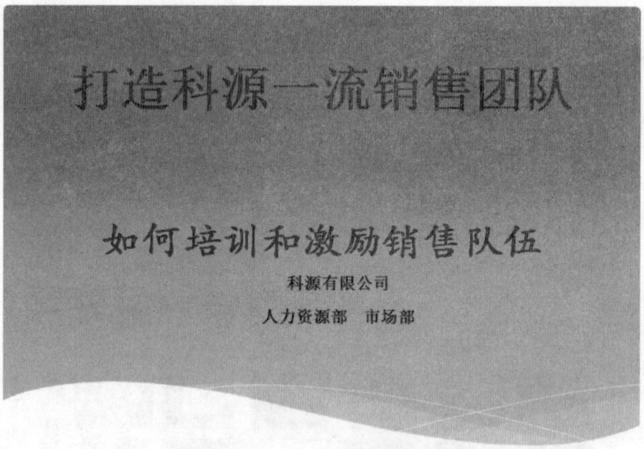

图 5-7　封面幻灯片

- 在“单击此处添加标题”占位符中输入培训讲义的标题“如何培训和激励销售队伍”。
- 在副标题占位符中输入“科源有限公司”后，换行输入“人力资源部　市场部”。
- 插入艺术字“打造科源一流销售团队”。

①单击“插入”→“文本”→“艺术字”按钮，选择“艺术字”样式列表第4行第5列的“渐变填充-黑色，强调文字颜色4，映像”。

②输入艺术字文本“打造科源一流销售团队”。

③将插入的艺术字移至标题上方，如图5-7所示。

提示：在实验3-1中已经学习了文字录入等操作，类似的方法同样适用于演示文稿中文字的录入。

(2)制作目录幻灯片，即第2张幻灯片。

①单击“开始”→“幻灯片”→“新建幻灯片”按钮，插入一张“标题和内容”版式的空白幻灯片。

②分别在标题和文本占位符中输入如图5-8所示的标题和5项目录内容。

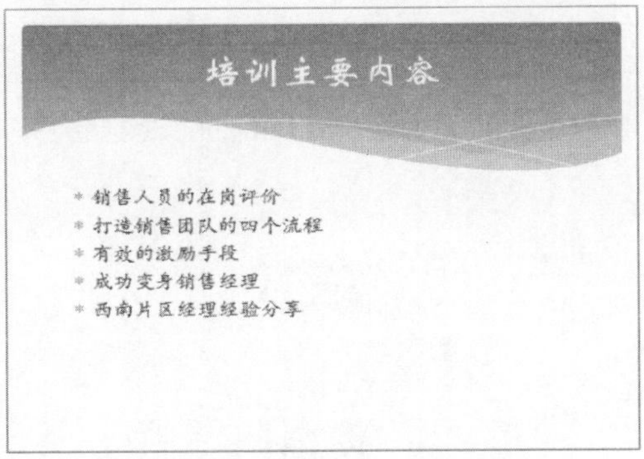

图5-8　第2张幻灯片效果

提示：插入新幻灯片也可使用其他快捷方法，例如，使用【Ctrl】+【M】组合键，或用鼠标单击缩略图窗格区空白处，按【Enter】键。

(3)制作第3张新幻灯片。

①单击“开始”→“幻灯片”→“新建幻灯片”按钮，插入一张“标题和内容”版式的空白幻灯片。

②单击标题占位符，输入标题“第一部分　销售人员的在岗评价”。

③在内容图标组中单击“插入SmartArt图形”图标，在打开的“选择SmartArt图形”对话框中，从左侧的列表框中选择“层次结构”，从中间的列表中选择“组织结构图”图形，如图5-9所示。

④单击“确定”按钮插入一个如图5-10所示的组织结构图。

⑤选中第二行中的图框，按【Delete】键删除选中的图框，在组织结构图中录入相应内容，如图5-11所示。

(4)制作第4张幻灯片。

①单击“开始”→“幻灯片”→“新建幻灯片”下拉按钮，插入一张“标题和内容”版式的空白幻灯片。

②单击标题占位符，输入标题“评价后的典型策略”。

③在内容图标组中单击“插入SmartArt图形”图标，在打开的“选择SmartArt图形”对话框中，从左侧的列表框中选择“循环”，从中间的列表中选择“射线循环”图形。

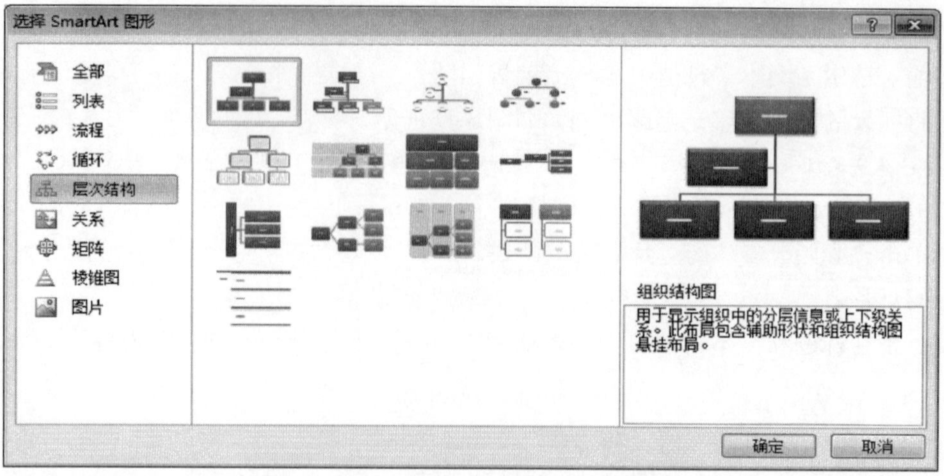

图 5-9 “选择 SmartArt 图形”对话框

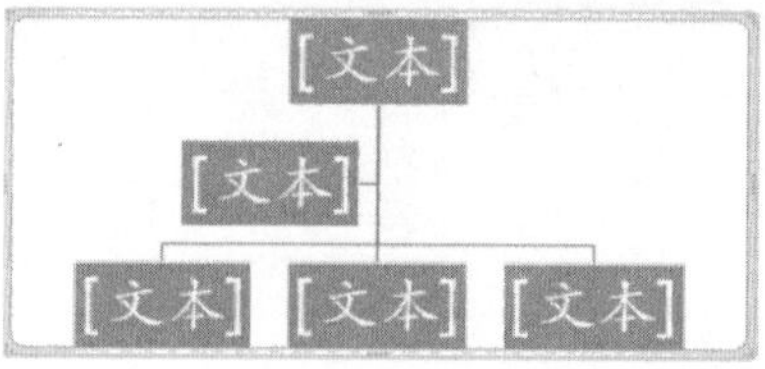

图 5-10 插入的组织结构图

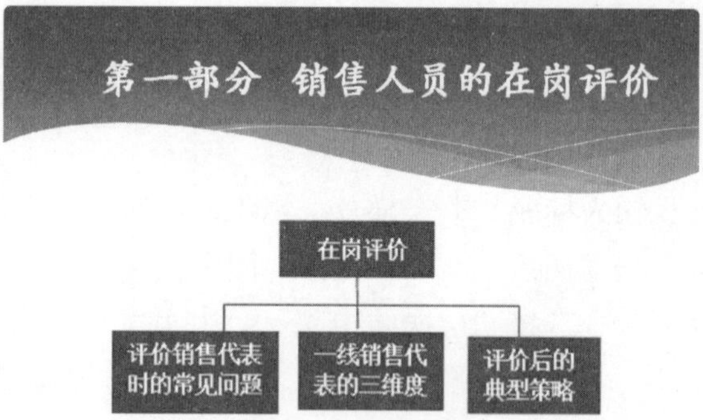

图 5-11 第 3 张幻灯片文字录入及插入组织结构图效果

④单击“确定”按钮，插入一个“射线循环”图形，输入如图 5-12 所示的文本内容。

(5)制作第 5 张幻灯片。

①插入新幻灯片。单击“开始”→“幻灯片”→“新建幻灯片”按钮，插入一张“标题和内容”版式的空白幻灯片。

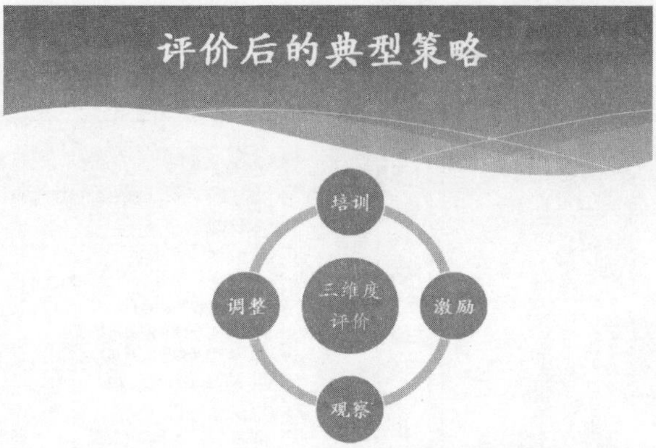

图 5-12　第 4 张幻灯片文字录入及插入循环射线图效果

②更改幻灯片版式。单击“开始”→“幻灯片”→“版式”按钮，在“幻灯片版式”下拉列表中选择“两栏内容”版式，如图 5-13 所示。

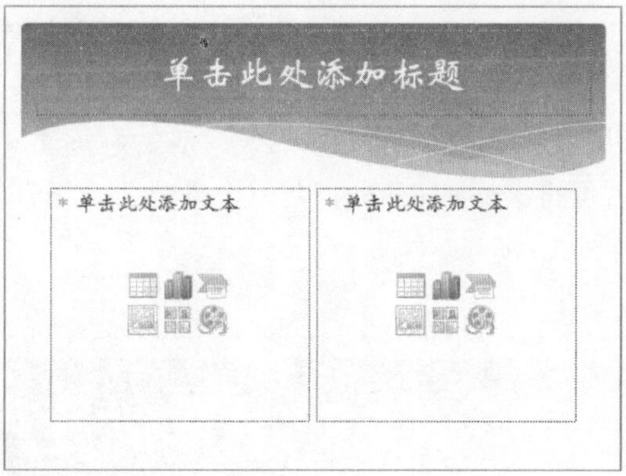

图 5-13　使用“两栏内容”版式的幻灯片

③在标题占位符中输入“针对一线代表的三维度评价”。

④单击左侧工具图标组中的“插入剪贴画”图标，在打开的“剪贴画”任务窗格中选择所需的剪贴画。为了检索方便，可在“搜索文字”框中输入关键词“会议”，单击“搜索”按钮，即可得到与“会议”主题相关的剪贴画，如图 5-14 所示。

⑤单击需要的剪贴画，将选择的剪贴画添加到幻灯片中。

⑥调整图片的大小。

a. 用鼠标右键单击插入的图片，从快捷菜单中选择“设置图片格式”命令，打开“设置图片格式”对话框。

b. 在“设置图片格式”对话框左侧的列表中选择“大小”，在右侧的“缩放比例”栏中，选中“锁定纵横比”复选框，将图片高度调整为“90%”，宽度随之变为“90%”，如图 5-15 所示。

图 5-14 “剪贴画”任务窗格

图 5-15 “设置图片格式”对话框

c. 单击“确定”按钮。

⑦单击右侧的文本占位符，添加 3 项内容：“个性是否合适”“动力是否足够”和“能力是否达标”，效果如图 5-16 所示。

图 5-16 第 5 张幻灯片文字录入及插入剪贴画效果

提示：在演示文稿中插入图片与剪贴画，也可以单击“插入”→“图像”→“剪贴画”按钮来实现。此外，剪贴画或图片的格式化操作与实验 3-3 中的此类操作类似，可参考学习。

(6)制作第6张幻灯片。

①复制第3张幻灯片。

a. 在演示文稿左侧的缩略窗格中用鼠标右键单击第3张幻灯片，从弹出的快捷菜单中选择“复制幻灯片”命令，在第3张幻灯片之后插入一张幻灯片的副本。

b. 在缩略图窗格中选定副本幻灯片，按住鼠标左键进行拖动至演示文稿最后。

②将原标题“第一部分 销售人员的在岗评价”修改为“第二部分 打造团队的四个流程”。

③删除幻灯片中原有的组织结构图。 选中组织结构图，单击键盘上的【Delete】键，将组织结构图删除，同时删除幻灯片中的文本占位符。

④制作所需的流程图。

a. 单击“插入”→“插图”→“形状”按钮，打开如图5-17所示的“形状”列表。

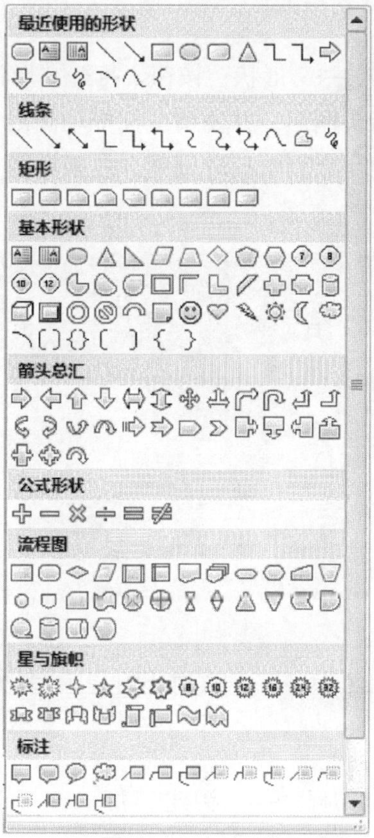

图5-17 “形状”列表

b. 选择“流程图：可选过程”形状，拖动鼠标在幻灯片上画出1个矩形框。

c. 按住【Ctrl】键并拖动鼠标，复制出其余3个矩形框。

d. 在矩形框中单击鼠标右键，从弹出的快捷菜单中选择“编辑文字”命令，依次输入图5-18所示的文本内容。

e. 适当调整4个矩形框的位置及大小。

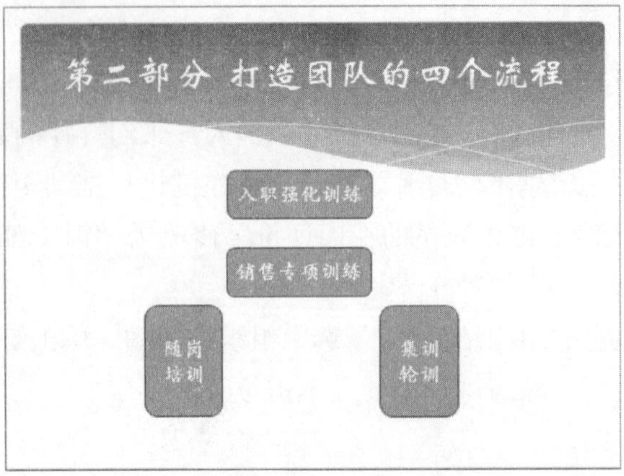

图 5-18　流程图中的矩形框

⑤制作流程图中的箭头。

a. 单击“插入”→“插图”→“形状”按钮，打开“形状”列表。

b. 根据需要选择需要的箭头图形，并使用鼠标拖动画出“下箭头”和“左右箭头”。

c. 将箭头适当调整后放置在流程图相应位置，效果如图 5-19 所示。

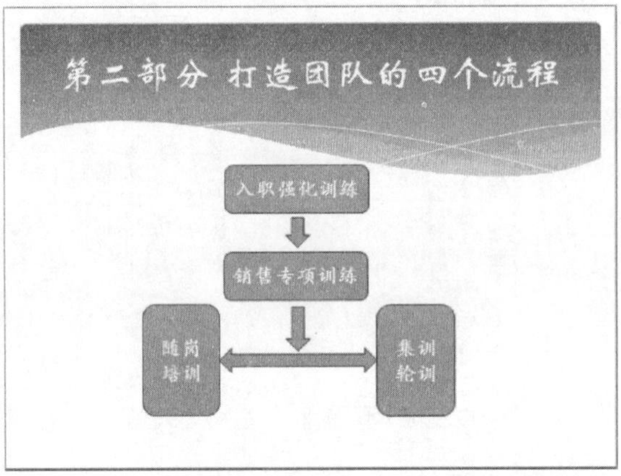

图 5-19　第 6 张幻灯片流程图制作效果

(7) 制作第 7 张幻灯片。

①单击“开始”→“幻灯片”→“新建幻灯片”下拉按钮，插入一张“标题和内容”版式的空白幻灯片。

②单击标题占位符，输入标题“第三部分 有效的激励手段”。

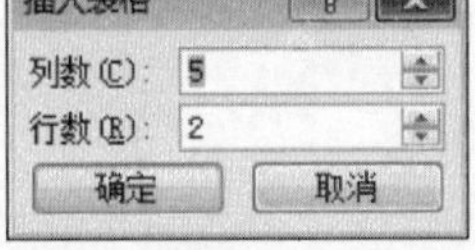

图 5-20　“插入表格”对话框

③在内容图标组中单击“插入表格”图标，打开如图 5-20 所示的“插入表格”对话框，插入一个 9 行 4 列的表格，输入如图 5-21 所示的文本内容。

④将表格第一行的第 1、2 单元格合并为一个单元格，第 3、4 单元格合并为一个单元格。

⑤单击“插入”→“符号”→“符号”按钮，为表格第 2~9 行的第 2 列和第 4 列插入矩形符号用作表格的复选框，如图 5-22 所示。

图 5-21　第 7 张幻灯片表格制作效果

图 5-22　合并单元格和插入符号的效果

提示：表格的内容编辑与格式化操作、插入符号操作均与实验中的此类操作类似，可供参考学习。

(8) 制作第 8 张幻灯片。

①单击“开始”→“幻灯片”→“新建幻灯片”下拉按钮，插入一张“标题和内容”版式的空白幻灯片。

②单击标题占位符，输入标题“第四部分　成功变身销售经理”。

③在内容图标组中单击“插入图表”图标，打开如图 5-23 所示的“插入图表”对话框。

④先在左侧的列表框中选择“饼图”，再从右侧的列表中选择“三维饼图”。

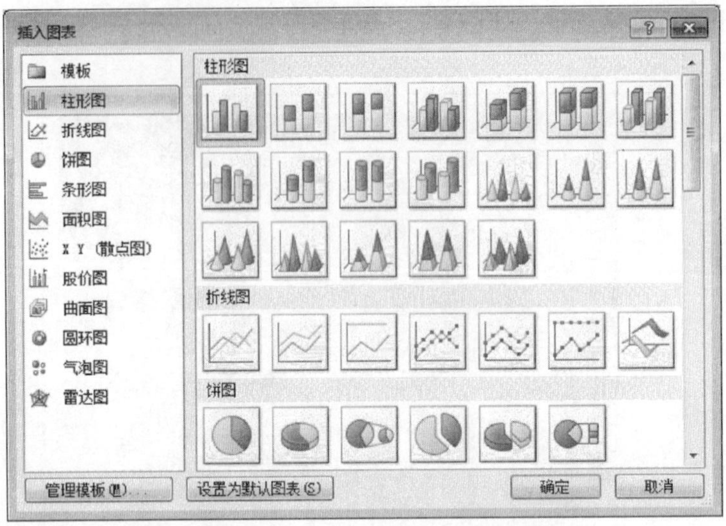

图 5-23 “插入图表”对话框

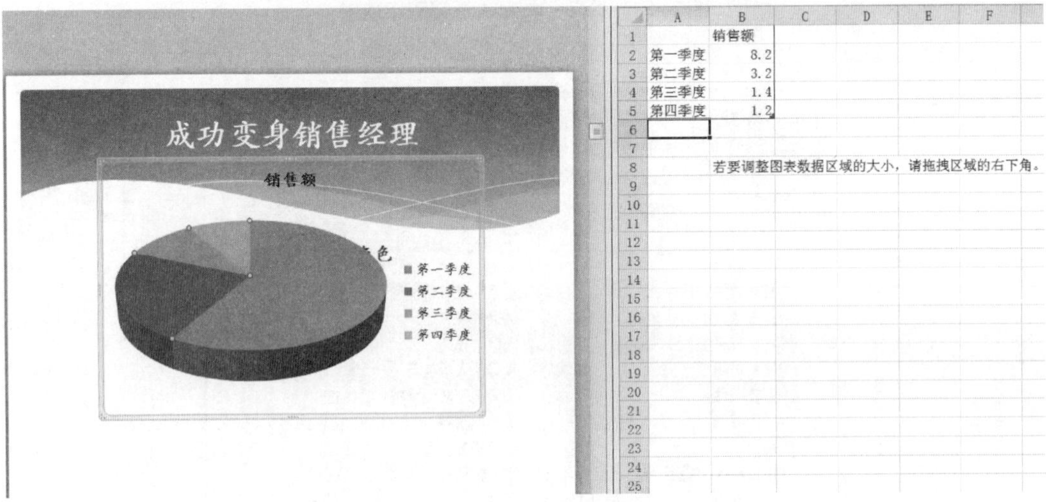

图 5-24 系统预设的图表及 Excel 数据表

⑤单击“确定”按钮，出现如图 5-24 所示的系统预设的图表及 Excel 数据表。

⑥编辑数据表。按图 5-25 所示编辑表中的数据，然后关闭 Excel 数据表。

⑦将图表标题修改为“销售经理所扮演角色”，如图 5-26 所示。

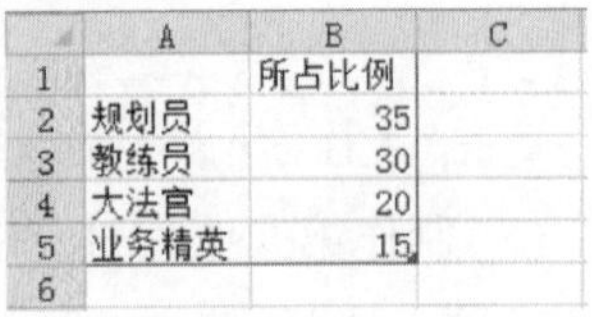

图 5-25 编辑表中的数据

提示：图表的操作与实验数据处理中的图表操作类似，可供参考学习。

图 5-26　第 8 张幻灯片文字录入及图表制作效果

(9) 制作第 9 张幻灯片。

①单击“开始”→“幻灯片”→“新建幻灯片”下拉按钮，插入一张“仅标题”版式的空白幻灯片。

②在标题占位符处输入标题“第五部分 西南片区大区经理经验分享”。

③单击“插入”→“文本”→“文本框”按钮，将文本框绘制在标题下方，输入文字“2018 年度销售冠军西南片区经理 MR. DAVID”。

④采用同样的操作，在幻灯片右下角再添加一个文本框，输入文字“MR. DAVID. 发言音频”，如图 5-27 所示。

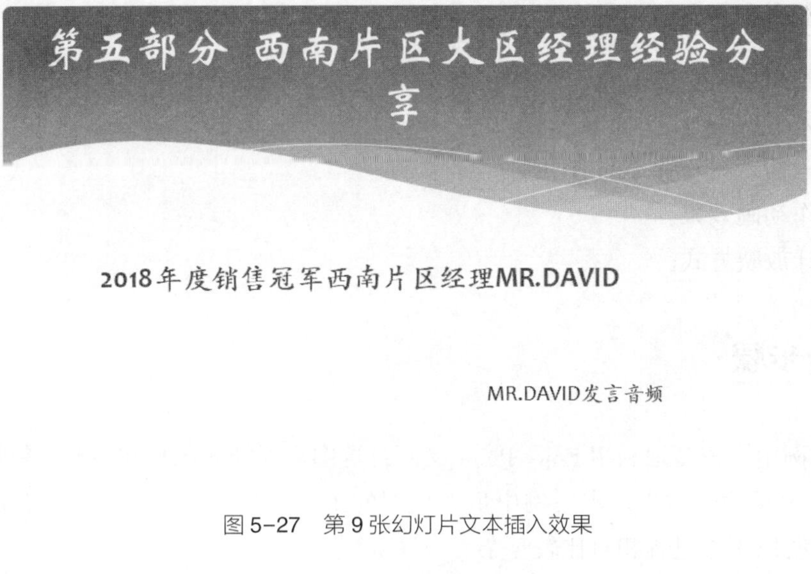

图 5-27　第 9 张幻灯片文本插入效果

5. 为封面幻灯片添加备注

(1) 在幻灯片的普通视图下，将光标定位于第 1 张幻灯片的“备注”窗格中。

(2) 输入备注文字“此次培训主要针对目前销售经理在销售人员管理过程中的困惑”。

6. 调整幻灯片的顺序

幻灯片内容编辑完成后，通常需要查看和梳理整个文档的结构，根据需要做出相应地调整。

(1)将第 4 张幻灯片与第 5 张幻灯片的顺序互换。

①在演示文稿的“缩略图”窗格中，选中第 4 张幻灯片。

②按住鼠标左键将其拖至第 5 张幻灯片下方，释放鼠标。

提示：调整幻灯片的顺序、复制或删除幻灯片等幻灯片编辑操作，也可将幻灯片视图切换为“幻灯片浏览”视图后进行操作。

(2)保存演示文稿。单击快速访问工具栏上的保存按钮，保存所制作的演示文稿。

实验 5-2 PowerPoint 2010 演示文稿放映操作

实验目的

(1)掌握 PowerPoint 绘制图形的方法。

(2)掌握自定义动画等功能。

实验内容

(1)设计母版。

(2)绘制图形。

(3)插入“剪贴画”。

(4)设置插入图片背景的透明度。

(5)制作动画效果。

(6)设计放映方式。

实验步骤

在本案例中，较多地利用 PowerPoint 绘制自选图形、插入图片和剪贴画等功能，并较多地应用自定义动画效果。本案例中虽然用到的工具不多，但由于幻灯片张数和用到的图形较多，所以制作过程相对比较复杂。

1. 为教学演示设计母版

为了使教学演示有一个统一的格式，先设计其母版。 具体操作步骤如下。

(1)启动 PowerPoint 2010，新建一个空白演示文稿。

(2)选择“视图”选项卡“母版视图”功能区“幻灯片母版”命令，进入幻灯片母版视图。

(3)选择“幻灯片母版”选项卡“编辑主题”功能区“颜色”命令，在下拉列表中选择一个合适的颜色方案应用于当前的演示文稿。

(4)如果系统自带的颜色方案并不适合当前的演示文稿，可以自行编辑，单击“颜色”命令下拉列表中的“新建主题颜色”命令，将会弹出“新建主题颜色”对话框，如图5-28所示。

图5-28 “新建主题颜色”对话框

(5)在弹出的对话框中，对不满意的颜色可以自由设定。单击“插入”选项卡“插图”功能区“形状”命令，在下拉列表中选择“矩形”命令，此时鼠标变成十字形。在屏幕上绘制一个矩形框，可以看到矩形的填充颜色和边框都已自动应用了刚才设计的颜色方案，如图5-29所示。

(6)单击“格式”选项卡“形状样式”功能区“形状效果”命令，在弹出的下拉菜单中选择“阴影”命令，选择如图5-30所示的阴影样式，并单击“排列”功能区“下移一层”命令下拉菜单中的“置于底层”命令，将矩形框置于底层。

(7)设定文本占位符，先选择“标题占位符”，将字体设置为“华文新魏”，字体大小为“36”。再选择下方“文本占位符”的样式，将字体设置为“华文行楷”，字体大小为“20”，并对该占位符的大小进行调整，最终效果如图5-31所示。

(8)单击“幻灯片母版”选项卡“编辑母版”功能区“插入幻灯片母版”命令，此时母版中插入了一个新的标题母版幻灯片，将标题母版中的“文本占位符”的位置进行拖动，最终效果如图5-32所示。

图 5-29　绘制自选图形

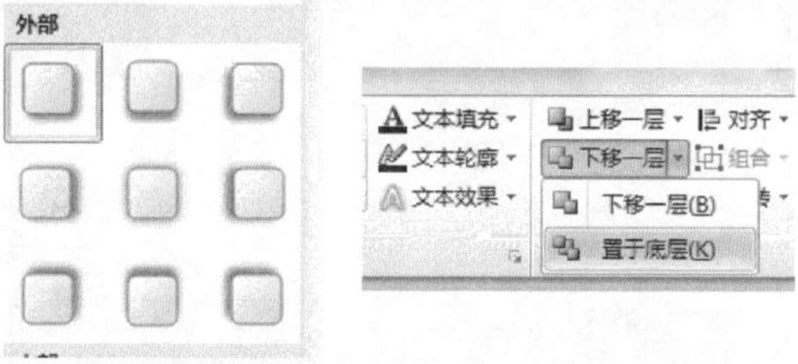

图 5-30　对绘制的图形次序进行设置

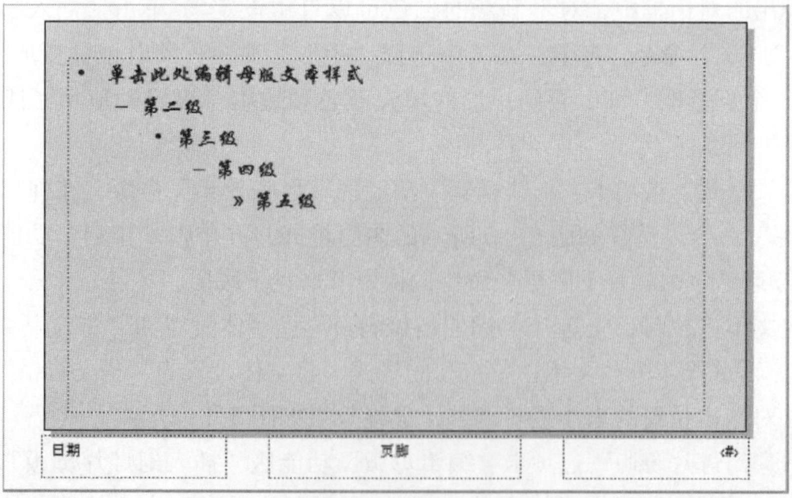

图 5-31　设置母版中文本占位符的样式

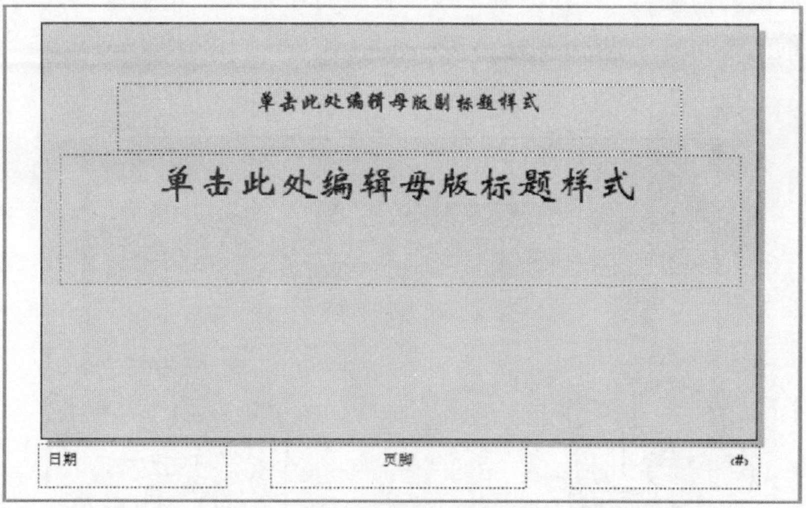

图 5-32 插入新标题母版

(9)在标题母版中插入一张剪贴画，如图 5-33 所示，选择“插入”选项卡“图像”功能区“剪贴画”命令，打“剪贴画”任务窗格。在“搜索文字”输入框中输入“电脑”，然后单击“搜索”按钮进行搜索。

图 5-33 插入剪贴画

(10)单击搜索列表中一张合适的图片，此时，这张剪贴画即插入到当前的幻灯片中。然后对插入的剪贴画的大小和位置进行调整。在这里一共插入了两张剪贴画。

(11)至此，幻灯片母版编辑完毕，单击“幻灯片母版”选项卡上的“关闭母版视图”按钮，回到普通视图。

2. 制作教学演示标题幻灯片

案例中的第 1 张幻灯片，列出了本演示文稿的主题。由于在前面已经编辑好了母版，因此，在第 1 张幻灯片中只需要将占位符的内容输入即可，其中在“主标题”占位符中输入“认识电脑的硬件”；在“副标题”占位符中输入“电脑基础入门知识讲座之一”。最终的效果如图5-34所示。

图5-34　输入文字占位符内容及插入剪贴画效果

3. 制作互动的教学演示目录

第2张幻灯片中显示演示文稿的目录。这次不用文字来制作目录，而是使用图片来制作，当用户用鼠标单击不同的图片时可跳转到相关的超链接中。具体的操作步骤如下。

(1)首先，选择“开始”选项卡“幻灯片”功能区“新建幻灯片”命令，在下拉列表中选择“标题和内容”的文字版式。插入一张新的幻灯片，如图5-35所示。

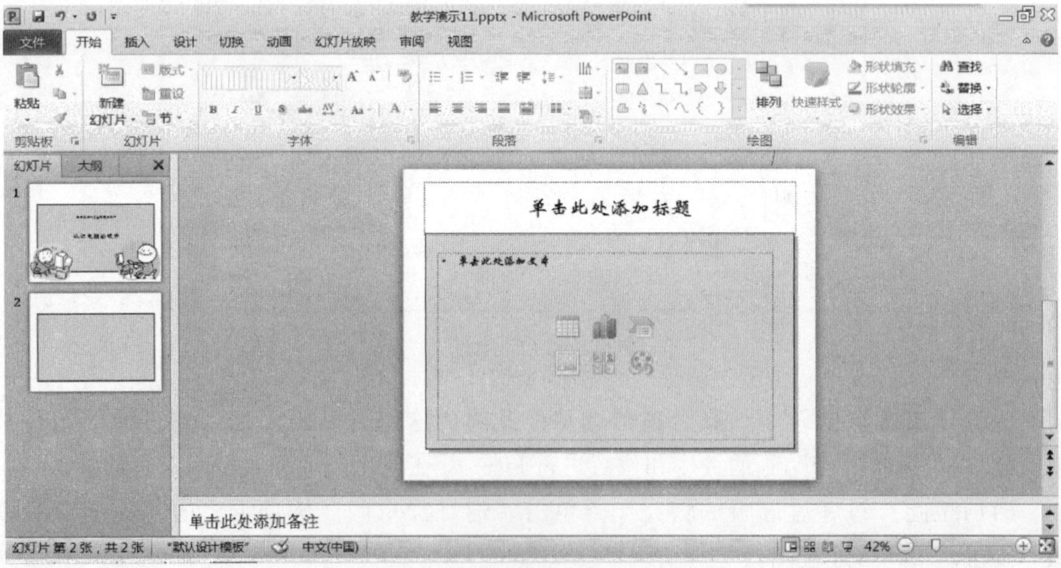

图5-35　对插入的新幻灯片设置版式

(2)在标题占位符中输入文本“电脑硬件的基本组成”。然后开始插入不同的图片。首先，选择“插入”选项卡“图像”功能区“图片”命令，在弹出的对话框中选择已经收集的素材图片，这里选择素材“显示器”图片，单击“插入”按钮，将图片插入到幻灯片中，如图 5-36 所示。

图 5-36 插入图片

(3)此时可以看到图片的背景是白色的，与当前幻灯片的背景不相符，单击“格式”选项卡“调整”功能区“颜色”命令下拉菜单中的“设置透明色”按钮，然后单击图片中的白色背景，可以看到该图片的背景颜色变成透明了，如图 5-37 所示。

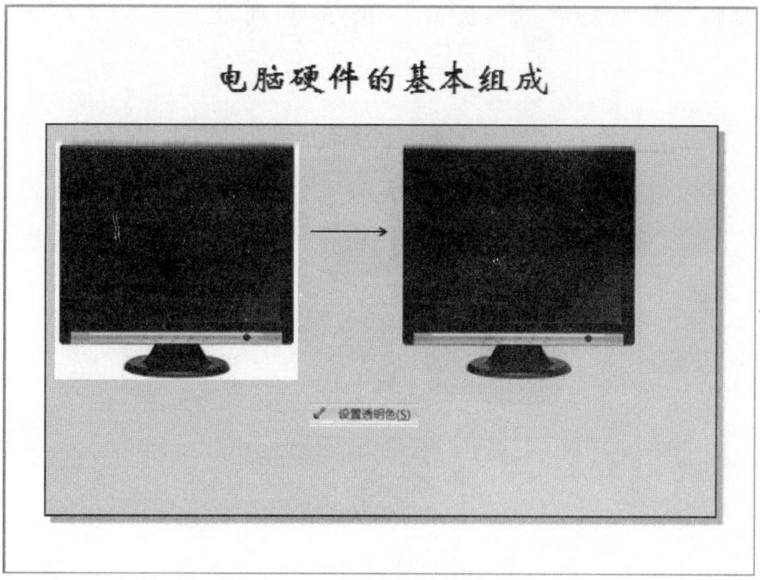

图 5-37 设置插入图片的透明色

(4)图片修改后，调整图片大小。 接着再插入一张图片“机箱”，机箱的图片较大，且背景也是白色，使用与步骤(3)相同的方法进行调整。最后依次插入素材中的“键盘”“鼠标”“打印机”“数码相机”“扫描仪”等图片，并对它们的大小和背景进行调整，最终效果如图5-38所示。

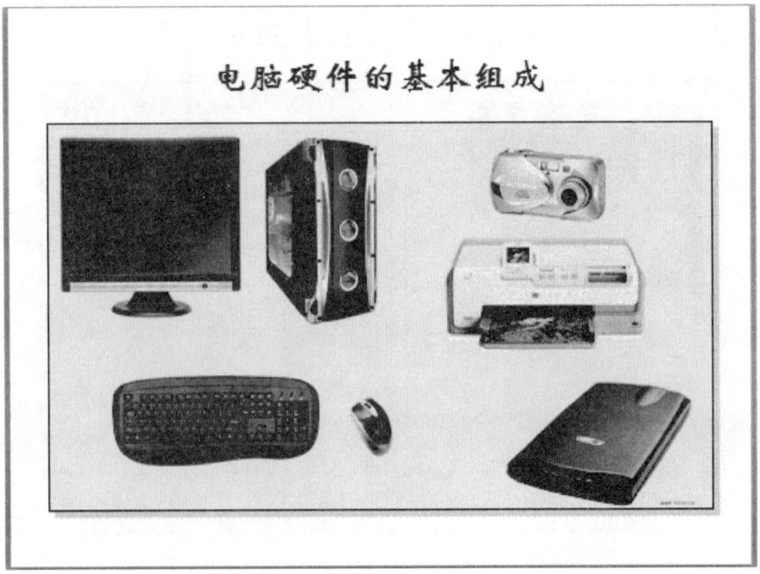

图5-38 插入所有图片

(5)单击“插入”选项卡“插图”功能区“形状”命令的下拉列表，将各个部分进行箭头指向。如果对箭头的大小和颜色不满意，可以使用键盘上的【Ctrl】键，将所有的箭头选中，然后在箭头上右击，在弹出的对话框中选中“设置对象格式”命令，在弹出的命令中对“线条颜色”或“线型”进行设置，如图5-39所示。

图5-39 绘制箭头

4. 制作动画

通过刚才的制作，目录页中的图片已制作完成，接下来为目录页中的元素添加动画效果。具体的操作步骤如下。

(1)选择“动画”选项卡“高级动画”功能区“动画窗格”命令，此时右侧切换成“动画窗格”任务窗格。

(2)首先，选中屏幕中的“机箱”图片，单击“动画”选项卡“高级动画”功能区“添加动画”命令，在下拉菜单中选择“更多进入效果”，将会弹出“添加进入效果”对话框，如图5-40所示。

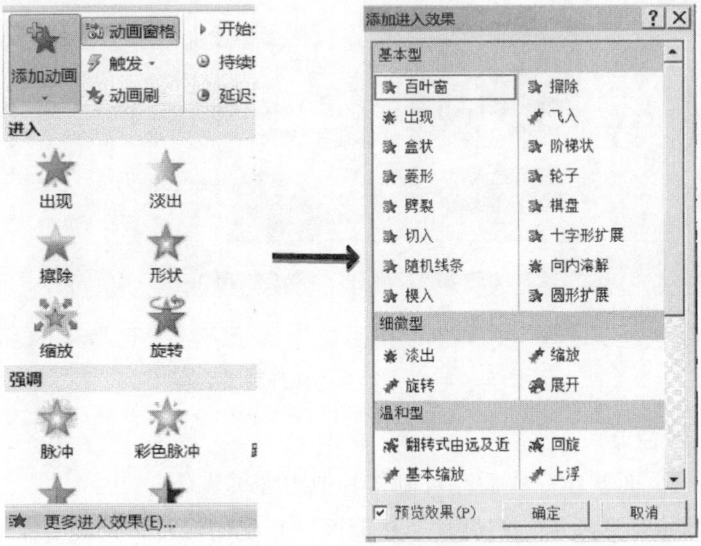

图5-40　为图片添加动画效果

(3)在弹出的对话框中选择“细微型”的“淡出”效果，单击“确定”按钮。然后在任务窗格中的下拉箭头单击，在弹出的下拉菜单中选中“从上一动画之后开始”命令。

(4)选中图片“显示器”，设置其进入的效果为“切入”；选中“从上一动画之后开始”；效果选项为“自右侧”。

(5)选中图片“键盘”，设置其进入的效果为“切入”；选中“从上一动画之后开始”；效果选项为“自顶部”。

(6)选中图片“鼠标”，设置其进入的效果为“切入”；选中“从上一动画之后开始”；效果选项为“自顶部”。

(7)选中图片“数码相机”，设置其进入的效果为“切入”；选中“从上一动画之后开始”；效果选项为“自左侧”。

(8)选中图片“打印机”，设置其进入的效果为“切入”；选中“从上一动画之后开始”；效果选项为“自左侧”。

(9)选中图片“扫描仪”，设置其进入的效果为“切入”；选中“从上一动画之后开始”；效果选项为“自左侧”。

(10)按住键盘【Ctrl】键，将所有的箭头图形全部选择，然后单击“格式”选项卡“排列”功能区“组合”命令，在下拉菜单中选择“组合”命令，将所有的箭头图形进行组合，然后再设置其进入的效果为“盒状”；选择“从上一动画之后开始”；效果选项方向为“缩小”，形状为“圆”。 最终效果如图 5-41 所示。

图 5-41　组合所有箭头并制作动画

5. 制作其他内容页

最复杂的导航页面制作完成后，可制作其他内容页。

(1) 选择“开始”选项卡“幻灯片”功能区“新建幻灯片”命令，插入一个新的幻灯片，在下拉菜单中选择“标题、内容和文本”样式，如图 5-42 所示。

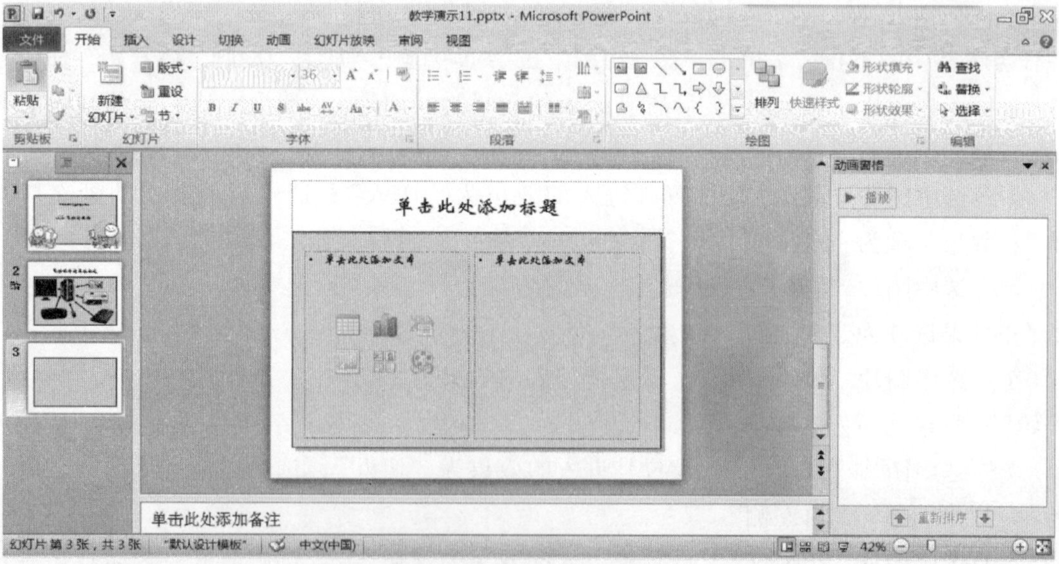

图 5-42　新幻灯片的版式设计

(2) 在“标题”占位符中输入文本“电脑的硬件组成——机箱”，单击左侧占位符中的“插入来自文件的图片”按钮，在弹出的对话框中选择素材中的“机箱”图片，并将机箱图片的背景设置为透明，在右侧的“文本”占位符中输入相关的内容，并将文本的行距设置为“1.5 倍行距”，最终效果如图 5-43 所示。

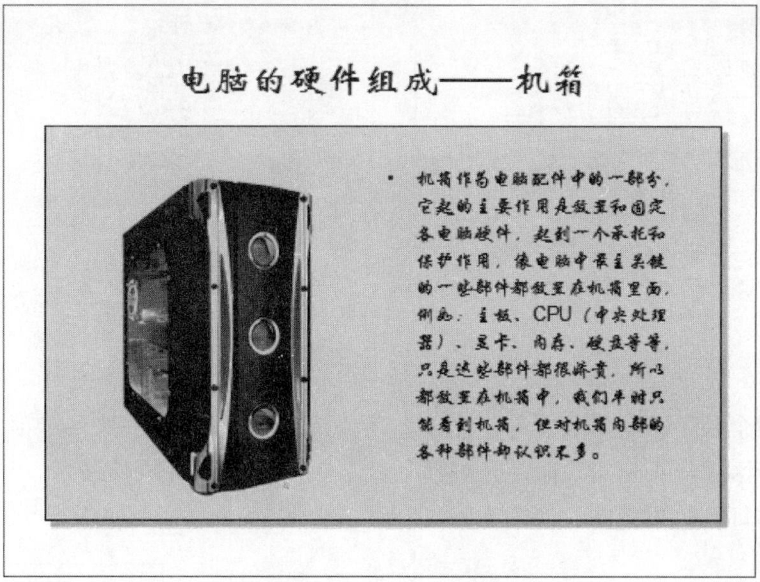

图 5-43　新幻灯片中的内容

(3)对当前幻灯片的主标题设置动画效果。选中“主标题”占位符，设置其进入的效果为“切入”；然后在任务窗格中的下拉箭头单击，在弹出的下拉菜单中选中“从上一动画之后开始”命令。效果选项为“自顶部”。

(4)选中图片“机箱”，设置其进入的效果为“淡出”；选中“从上一动画之后开始”。

(5)选中“文本”占位符，设置其进入的效果为“空翻”；选中“从上一动画之后开始”。

(6)使用相同的方法制作其余页面，由于制作过程大致相同，在这里不再重述。

6. 制作导航的超链接

所有的页面制作完成后，再制作左侧的第 2 张幻灯片，对所有的图片制作超链接。具体的制作步骤如下。

(1)先将图片中的“机箱”选中，然后再选择“插入”选项卡“链接”功能区“超链接”命令，在打开的“插入超链接”对话框中选择“链接到”选项中的“本文档中的位置”，在“请选择文档中的位置”列表框中选择“幻灯片 3”，单击“确定”按钮，如图 5-44 所示。

(2)依照同样的方法对其他文本添加超链接。其中，“显示器”对应的链接页为“幻灯片 4”；“键盘”对应的链接页为“幻灯片 5”；“鼠标”对应的链接页为“幻灯片 6”；“数码相机”对应的链接页为“幻灯片 7”；“打印机”对应的链接页为“幻灯片 8”；“扫描仪”对应的链接页为“幻灯片 9”。

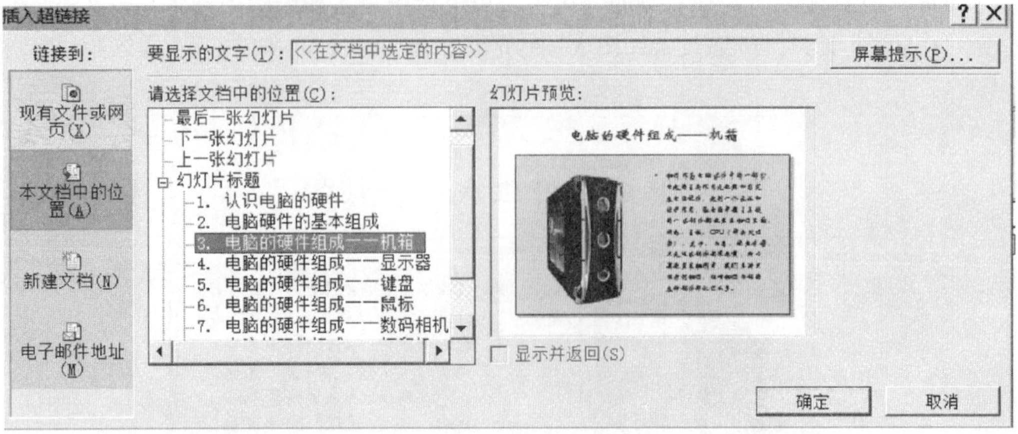

图 5-44 为图片制作超链接

至此，整个教学的演示文稿制作完成。可以选择“幻灯片放映”选项卡“开始放映幻灯片”功能区“从头开始”命令，对整个教学演示文稿进行放映演示。最终制作完成的数学演示幻灯片效果截图，如图 5-45 所示。

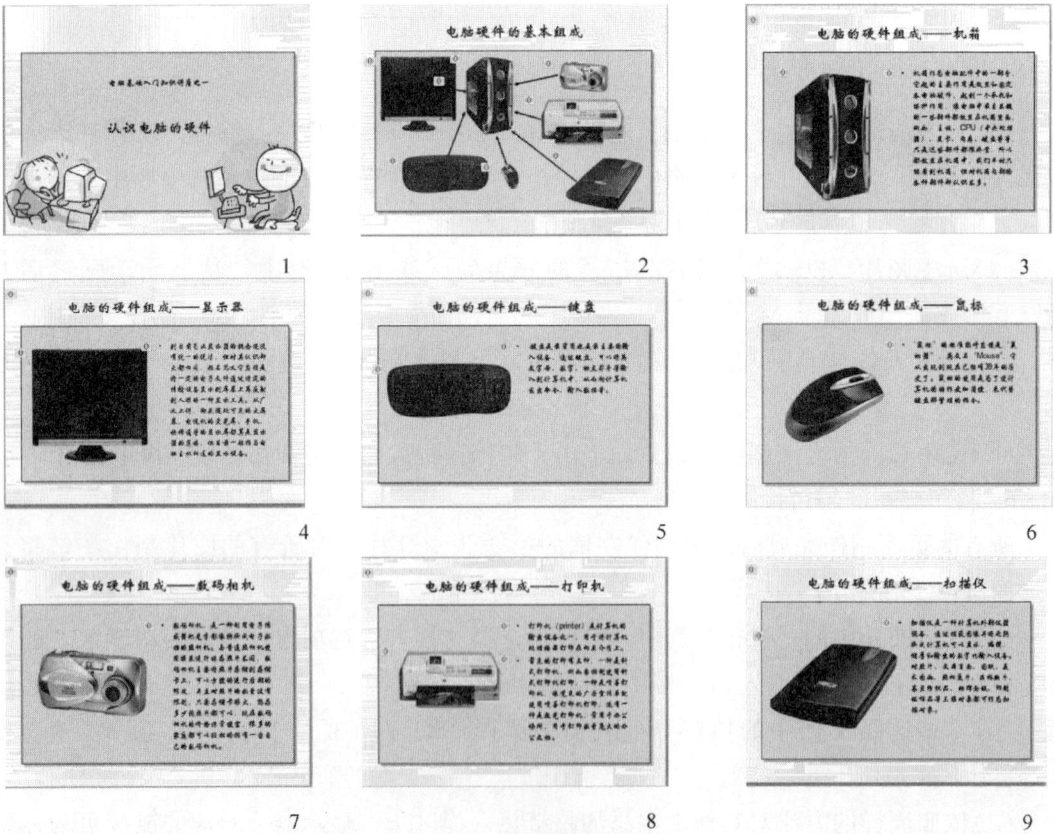

图 5-45 教学演示的最终效果

第 6 章

数据库软件 Access 2010

实验 6-1 创建数据库、表

实验目的

(1)掌握 Access 2010 数据库启动和退出的方法。

(2)掌握 Access 2010 数据库打卡、新建和关闭的方法。

(3)利用 Access 2010 数据库菜单、工具栏和命令按钮设置数据库及表的属性。

(4)对指定字段设置字段大小、字段类型、输入掩码以及设置主键等属性。

实验内容

(1)打开 Access 2010，新建空数据库。

(2)新建书籍信息表。

(3)添加表记录。

(4)添加字段并修改表中字段属性。

实验步骤

1. 新建数据库

启动 Access 2010 后，查看其功能区界面，观察在正常启动后 Access 2010 的空数据库。

新建的默认文档的名称、文档所在路径。修改文档名为“图书管理”，并保存此文档到已经建立的文件夹下。

2. 创建表

创建表的名称为“书籍信息”，表中的“字段名称”和“数据类型”如图 6-1 所示，其中“图书编号”字体大小为“5”，“书籍名称”字体大小为

书籍信息

字段名称	数据类型
图书编号	文本
书籍名称	文本
作者	文本
定价	货币
出版社	文本
出版日期	日期/时间
登记日期	日期/时间
借出数量	长整型
操作人员	文本

图 6-1 表结构

“50”，“作者”字体大小为“8”，“出版社”字体大小为“20”，“借出数量”数据类型为“长整型”。

3. 添加表记录

右击表的标签名“书籍信息”，在弹出的快捷菜单中选择“数据表视图”，切换到数据表视图，然后按照样例添加表记录，记录的个数大于等于 10 项，如图 6-2 所示。

书籍信息

图书编号	书籍名称	作者	定价	出版社	出版日期	登记日期	借出数量	操作人员
T1001	计算机应用基础	毛青山	¥39.00	高等教育出版	2012/8/1	2013/1/1	2	张芳
T1002	C语言程序基础	谭浩强	¥20.00	清华大学出版	2012/7/6	2012/9/5	1	王敏
T1003	红楼梦	曹雪芹	¥30.00	北京理工大学	2009/9/7	2009/10/6	1	张芳
T1004	大学英语	艾青	¥29.00	上海译文出版	2010/10/1	2010/11/20	1	刘莉莉
T1005	西游记	吴承恩	¥30.00	机械工业出版	2011/11/9	2011/12/1	0	王敏
T1006	编译原理	高强	¥35.00	北京理工大学	2012/8/20	2012/9/10	0	王敏
T1007	管理信息系统	许晴	¥29.00	中国人民大学	2010/9/10	2010/9/30	4	张芳
T1008	邓小平理论	王辉	¥27.00	人民教育出版	2009/9/30	2009/10/8	3	刘莉莉
T1009	围城	钱钟书	¥30.00	花城出版社	1994/4/2	1994/10/8	3	刘莉莉
T1010	三国演义	罗贯中	¥28.00	电子工业出版	1998/7/3	1998/9/4	2	王敏

记录：第 7 项(共 10 项　无筛选器　搜索

图 6-2　表记录

4. 添加字段并修改表中字段属性

(1) 在表的最后添加一个“备注”字段，类型为“备忘录”(也可在设计视图中进行添加)。

(2) 切换到设计视图，修改“图书编号”字段，在该字段的“输入掩码”中进行设计，使其格式为“字母+4 个数字”，如图 6-3 所示。

(3) 选中“图书编号”字段，在功能区切换到“设计”选项卡，单击“主键”按钮，将“图书编号”字段设置为主键，如图 6-4 所示。

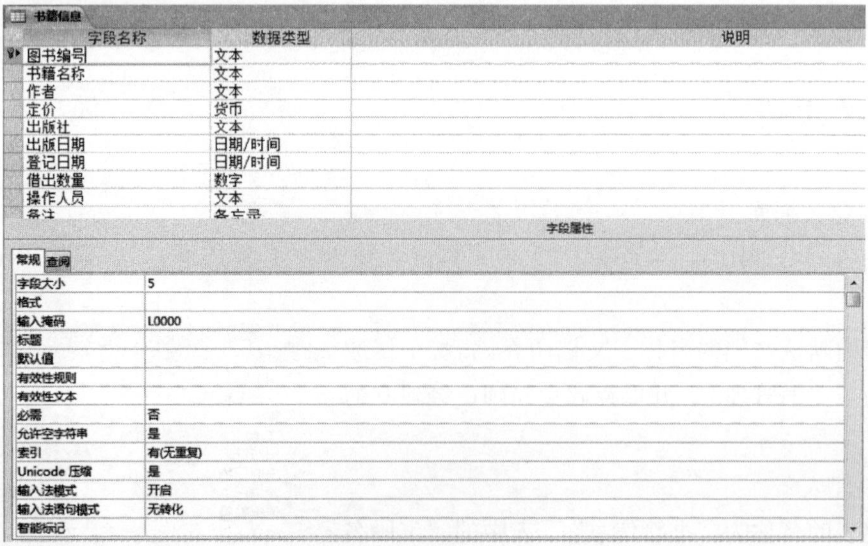
书籍信息

字段名称	数据类型	说明
图书编号	文本	
书籍名称	文本	
作者	文本	
定价	货币	
出版社	文本	
出版日期	日期/时间	
登记日期	日期/时间	
借出数量	数字	
操作人员	文本	
备注	备忘录	

字段属性

常规　查阅

字段大小	5
格式	
输入掩码	L0000
标题	
默认值	
有效性规则	
有效性文本	
必需	否
允许空字符串	是
索引	有(无重复)
Unicode 压缩	是
输入法模式	开启
输入法语句模式	无转化
智能标记	

图 6-3　设置字段属性

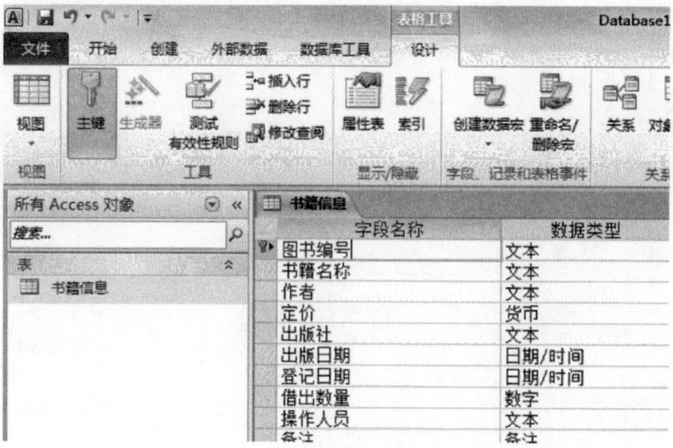

图 6-4　设置主键

实验 6-2　修改表结构及属性

实验目的

(1)掌握在已有数据库中添加表的方法。

(2)掌握设置字段格式的内容和步骤。

(3)掌握修改表的默认值属性的方法。

(4)掌握设置指定字段的有效性规则属性的方法。

(5)掌握添加 OLE 对象及数据的方法。

(6)掌握添加、修改与删除字段和记录的方法。

实验内容

(1)在“实验一　创建数据库、表”的“图书管理”数据库中添加“读者信息”表和“借阅信息”表并保存。

(2)在“读者信息”表中添加一个“照片”字段，类型为 OLE，并添加照片。

实验步骤

1. 添加表

(1)打开已有的“图书管理”数据库后，单击“新建”面板中的“表设计”按钮，如

图 6-5 所示，通过设计视图创建“读者信息”表。

图 6-5　执行“表设计”命令

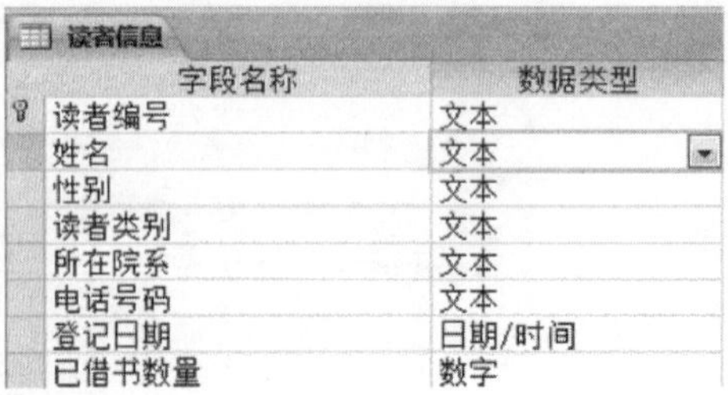

读者信息

字段名称	数据类型
读者编号	文本
姓名	文本
性别	文本
读者类别	文本
所在院系	文本
电话号码	文本
登记日期	日期/时间
已借书数量	数字

图 6-6　“读者信息”表

（2）“读者信息”表字段名称及数据类型如图 6-6 所示，其中的字段长度自行设计，主键为“读者编号”。

（3）用同样的方法创建“借阅信息”表，其字段名称及数据类型如图 6-7 所示。

2. 修改表中字段属性

（1）打开“读者信息”表，单击“设计”按钮。

（2）在表的最后添加一个“照片”字段，类型为“OLE 对象”。

（3）修改“登记日期”字段，在该字段输入“默认值”为当天的日期，如图 6-8 所示。

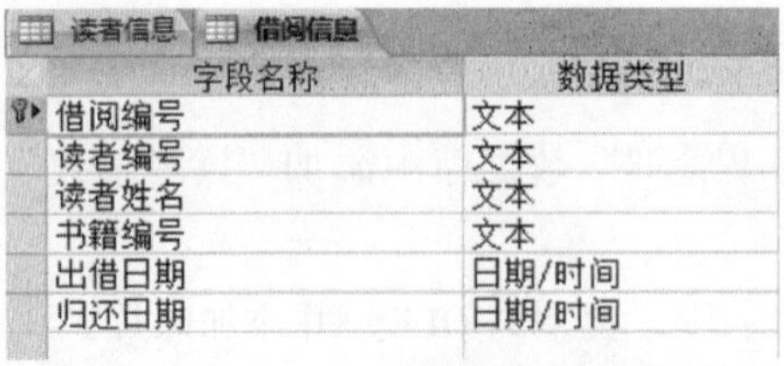

读者信息　借阅信息

字段名称	数据类型
借阅编号	文本
读者编号	文本
读者姓名	文本
书籍编号	文本
出借日期	日期/时间
归还日期	日期/时间

图 6-7　“借阅信息”表

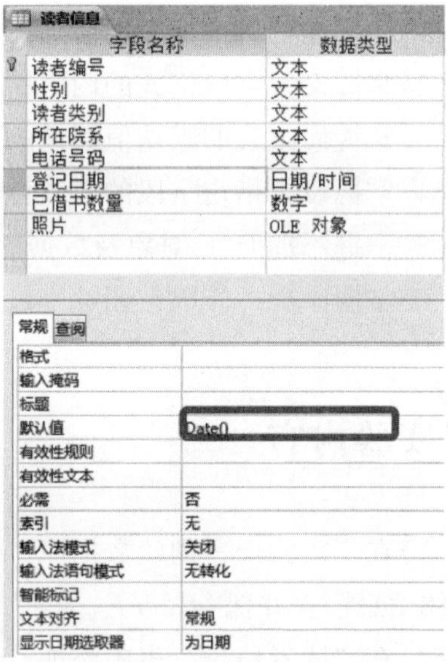

读者信息

字段名称	数据类型
读者编号	文本
性别	文本
读者类别	文本
所在院系	文本
电话号码	文本
登记日期	日期/时间
已借书数量	数字
照片	OLE 对象

常规　查阅

格式	
输入掩码	
标题	
默认值	Date()
有效性规则	
有效性文本	
必需	否
索引	无
输入法模式	关闭
输入法语句模式	无转化
智能标记	
文本对齐	常规
显示日期选取器	为日期

图 6-8　设置登记日期默认值

（4）单击“性别”字段“数据类型”的下拉菜单，单击“查阅向导”，如图 6-9 所示。 弹出“查阅向导”对话框，选中“自行键入值”单选按钮，然后单击“下一步”按钮，如图 6-10 所示设置。

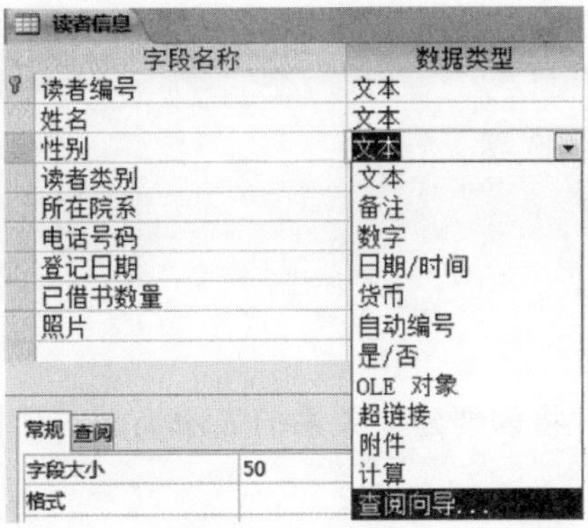

图 6-9　查阅向导

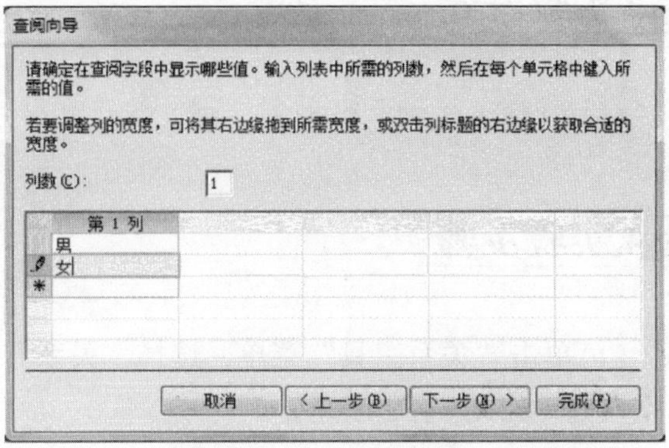

图 6-10　设置字段显示的值

(5) 在“读者信息”表的“照片”字段中添加图片，切换到数据表视图，在字段中右击，弹出快捷菜单，选择“插入对象”命令，在打开的对话框中选中位图“Bitmap Image”选项，如图 6-11 所示，在自动打开的画图板对话框中单击“粘贴”下的“粘贴来源”，选择图片即可。

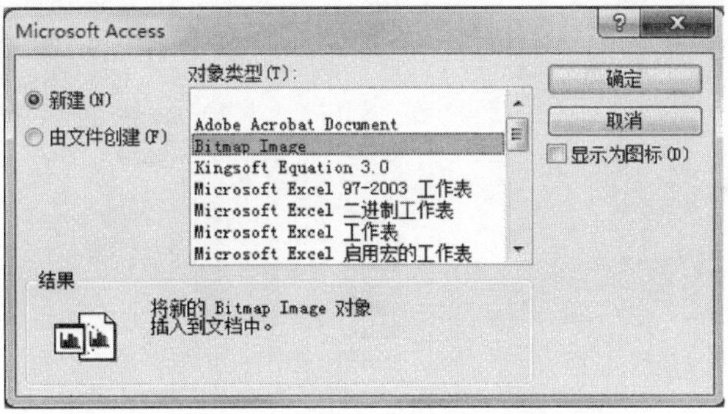

图 6-11　添加“OLE 对象”数据

实验 6-3　建立表间关系

实验目的

(1) 了解建立多表关联应具备的条件。

(2) 掌握设置实施参照完整性、级联更新相关字段和级联删除相关记录的方法。

(3) 掌握建立表间关联的操作步骤。

实验内容

打开“图书管理”数据库，建立已有三个表之间的联系。

实验步骤

(1)单击“关系工具”菜单，选择“关系”按钮，将需要建立关系的表添加到对话框的空白处，如图6-12所示。

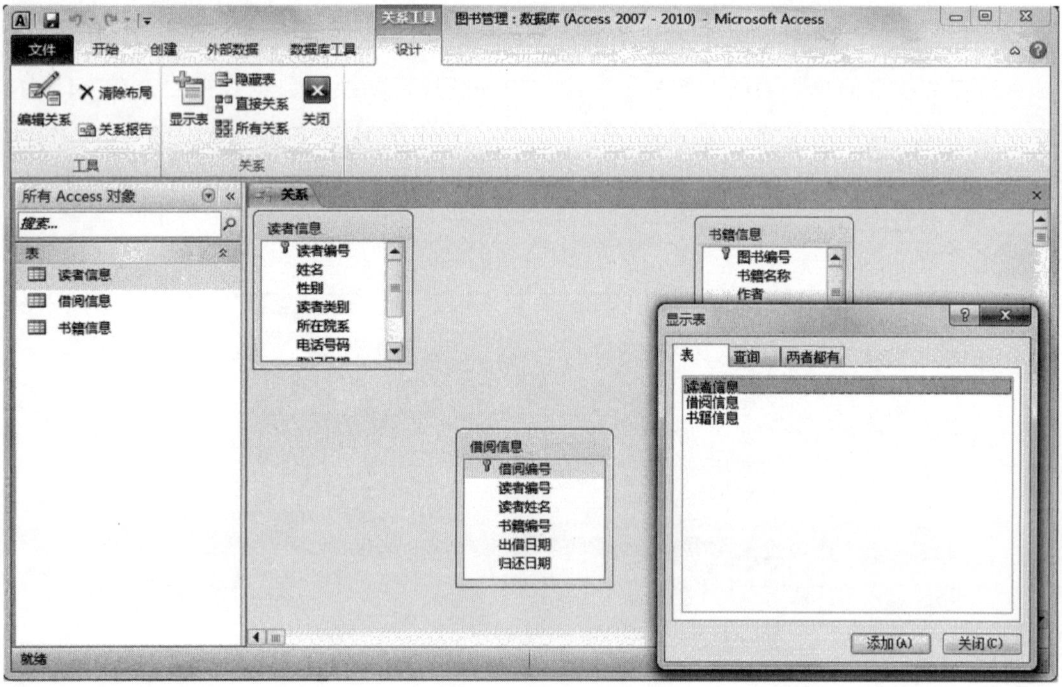

图6-12 显示表

(2)用鼠标拖动“读者信息”表中主键字段到“借阅信息”表中外键关键字，系统会自动弹出“编辑关系”对话框，如图6-13所示。将三个复选框全部选中，单击“创建”按钮，即可完成关系的创建。

(3)用同样的办法创建“借阅信息”表与“书籍信息”表之间的关系，得出如图6-14所示的关系图。

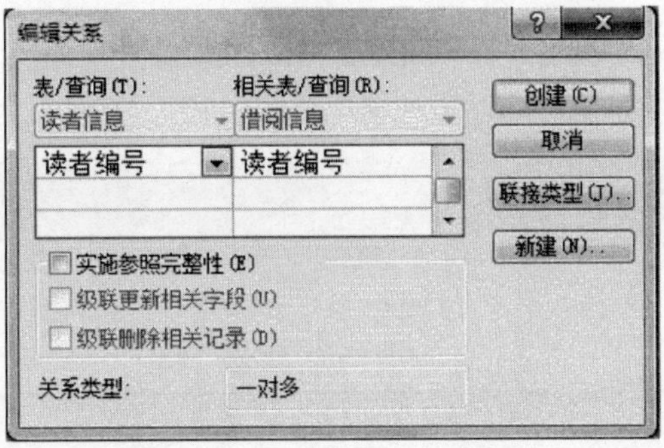

图 6-13 “编辑关系”对话框

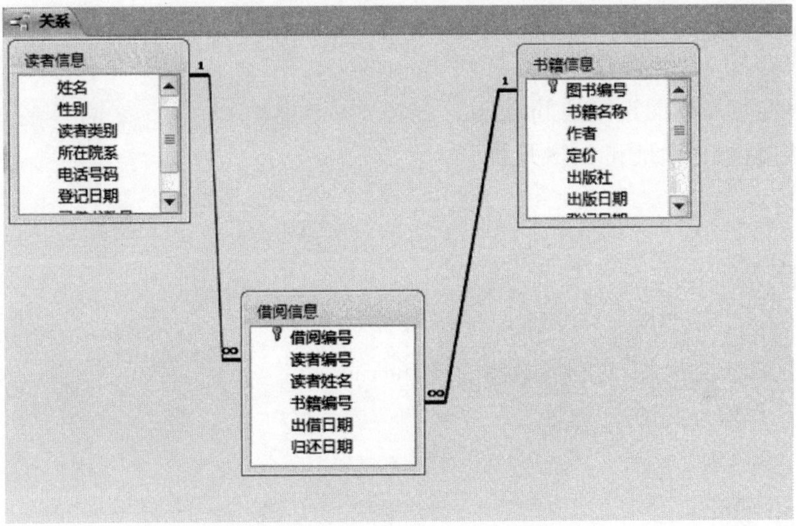

图 6-14 “读者信息”表、“借阅信息”表和“书籍信息”表之间的关系

第 7 章

Internet 及其应用

实验 7－1　网络配置与 Internet 连接

实验目的

（1）能够通过 ADSL 拨号方式连接到 Internet。

（2）能够通过局域网连接到 Internet。

（3）能够设置 IP 地址和 DNS 地址。

实验内容

（1）通过 ADSL 拨号方式和局域网连接 Internet。

（2）设置 IP 地址和 DNS 地址。

实验步骤

Windows 提供了两种设置 IP 地址和 DNS 地址的方法，一种是自动设置，另一种是手动设置，手动设置需要知道本地网络的 IP 地址网段和 DNS 地址。

用鼠标右键或者左键单击 Windows 7 桌面右下角的“网络连接标志”图标，选择“打开网络和共享中心”命令，打开“网络和共享中心”窗口，可进行相应的设置。

1. 通过 ADSL 连接 Internet

（1）将 ADSL 调制解调器取出，按照说明书将一端连接到电话线，另一端连接到计算机的网卡接口，再接通电源。

（2）设置网络连接。

①用鼠标右键单击桌面上的“网络”图标，从快捷菜单中选择“属性”命令，打开如图 7-1 所示的“网络和共享中心”窗口。

②在“网络和共享中心”窗口中，单击“设置新的连接或网络”选项，打开如图 7-2 所示的“设置连接选项”对话框。

③选择“连接到 Internet”，并单击“下一步”按钮，出现如图 7-3 所示的“键入您

的 Internet 服务提供商(ISP)提供的信息”界面，在此处输入 ADSL 用户名和密码，默认的连接名称为“宽带连接”。

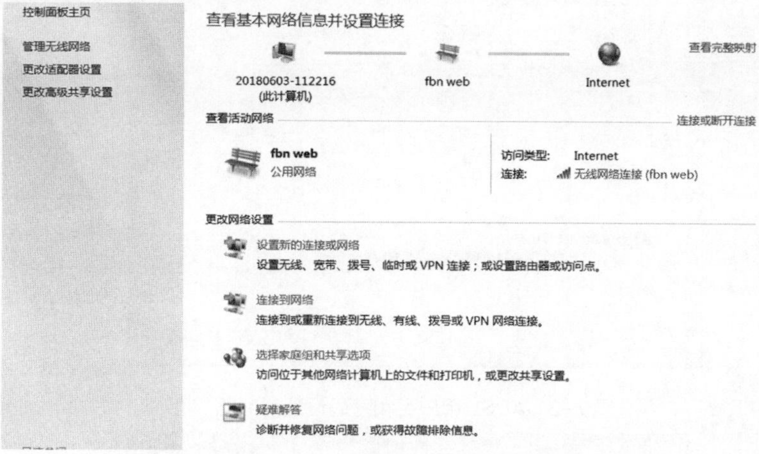

图 7-1 “网络和共享中心”窗口

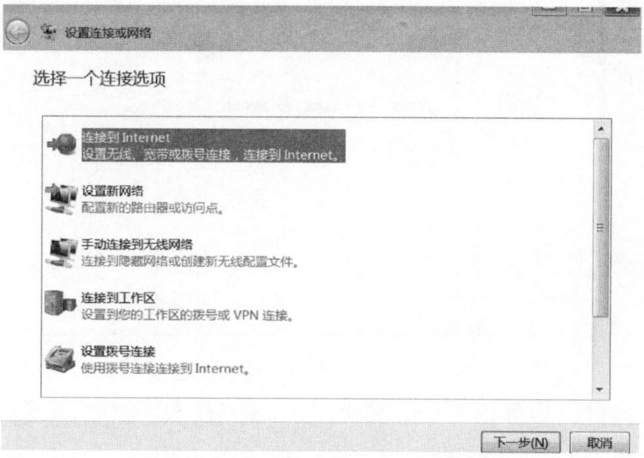

图 7-2 “设置连接或网络”对话框

④单击“连接”按钮，计算机将自动通过调制解调器与 Internet 服务接入商的服务器进行连接，如图 7-4 所示。

⑤连接网络之后，将会出现如图 7-5 所示的“选择网络位置”对话框，要求选择当前计算机工作的网络位置。

⑥选择网络位置为“工作网络”之后，出现如图 7-6 所示的网络连通界面，“此计算机”“网络”和“Internet”三个图标之间，有线条进行联系，则表示网络连接成功。

提示：

(1) ADSL 上网，必须预先在本地电信或者网通公司申请宽带服务，得到一个合法的 ADSL 账号和密码。

(2) 在申请 ADSL 上网时，电信或者网通公司在硬件安装完成后，会给用户留下一个 PPPoE 虚拟拨号软件，并帮用户完成安装，用户只需要在桌面上单击它的快捷图标，并输入正确的账号和密码就可以连接互联网。

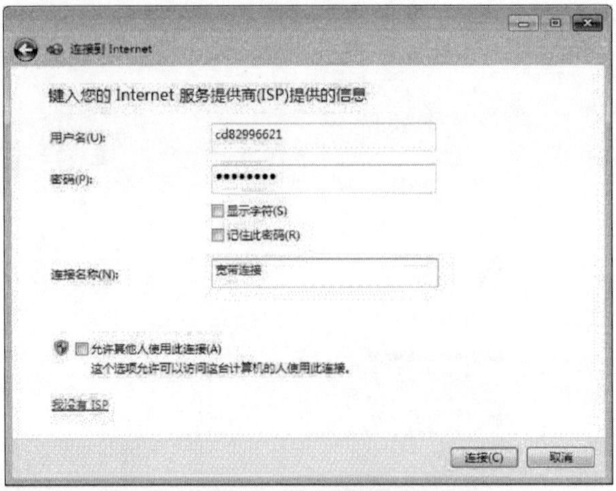

图 7-3　ADSL 用户名和密码设置对话框

图 7-4　正在连接宽带对话框

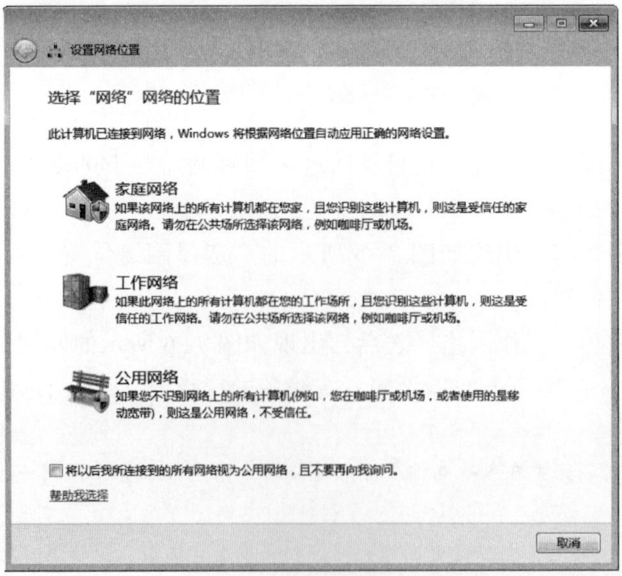

图 7-5　“设置网络位置”对话框

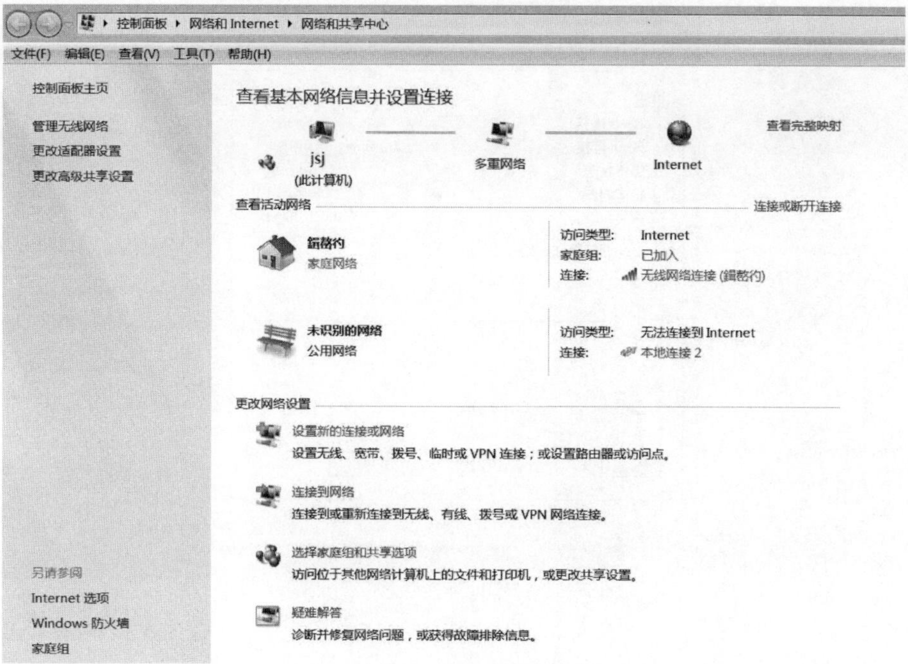

图 7-6　网络连接后界面

2. 通过局域网连接 Internet

(1) 找到计算机主机背后的网络接口。

(2) 将从交换机引出的网线接口与主机网络端口连接，只有唯一一个方向可以插入，当听到“咔”的一声时则连接到位，同时轻轻拉一下网线，以确保网络被准确固定。

(3) 观察计算机的桌面，在任务栏右下角出现，则网络物理连接成功。

提示：当计算机无法通过局域网连接互联网时，可首先查看任务栏右下角的“网络连接”图标，判断计算机是否网线物理连接成功。

3. 设置 IP 地址和 DNS 地址

(1) 在 Windows 7 桌面上，用鼠标右键单击“网络”图标，出现如图 7-7 所示的快捷菜单，选择“属性”命令，打开“网络和共享中心”窗口。

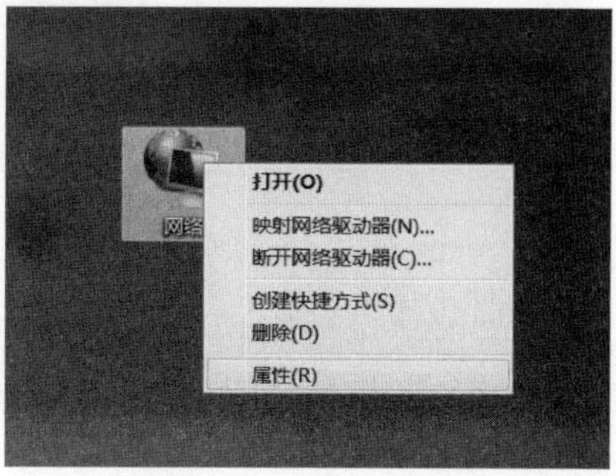

图 7-7　“网络”快捷菜单

(2) 在“网络和共享中心”窗口中，单击“本地连接”链接，出现如图 7-8 所示的“本地连接状态”对话框。

(3) 单击“属性”按钮，打开如图 7-9 所示的“本地连接属性”对话框，此时会看到有“IPv6”和“IPv4”这两个 Internet 协议版本，此处选择“IPv4”（开通了 IPv6 的地区可以选择 IPv6）。

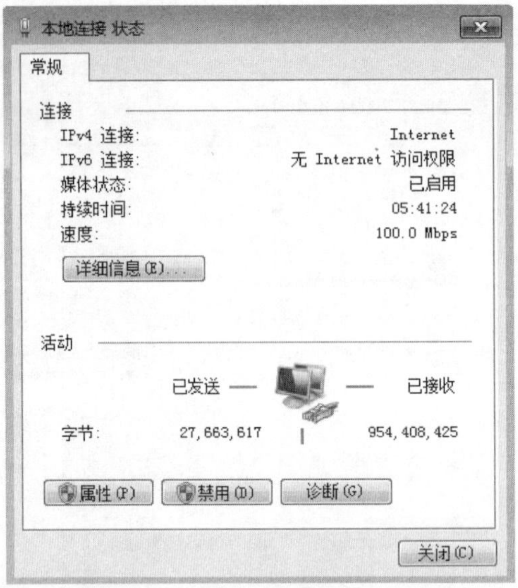

图 7-8 “本地连接状态”对话框

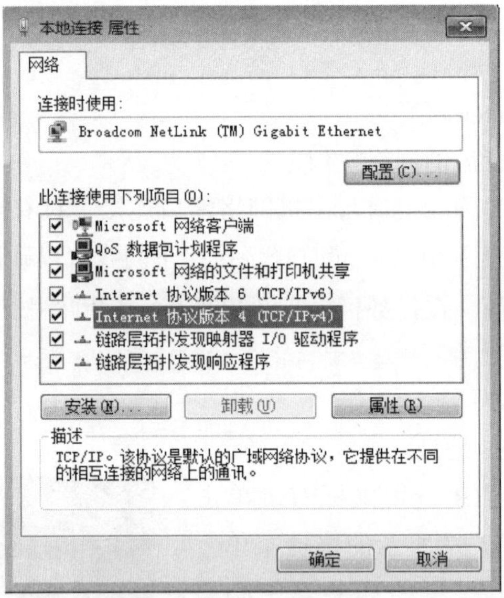

图 7-9 “本地连接属性”对话框

(4)单击“属性”按钮，在出现的如图 7-10 所示的“Internet 协议版本 4（TCP/IPv4）属性”对话框中，选择“自动获得 IP 地址”和“自动获得 DNS 服务器地址”选项。

(5)单击“确定”按钮，完成通过局域网连接 Internet 的设置。

4. 查看网络详细信息

(1)在 Windows 桌面右下角，用鼠标右键单击网络连通的图标，从快捷菜单中选择“打开网络和共享中心”命令，打开“网络和共享中心”窗口。

（2）单击“本地连接”，在打开的对话框中，单击“详细信息”按钮，出现如图 7-11 所示的“网络连接详细信息”对话框，可查看当前计算机的 IP 地址和 DNS 地址等信息。

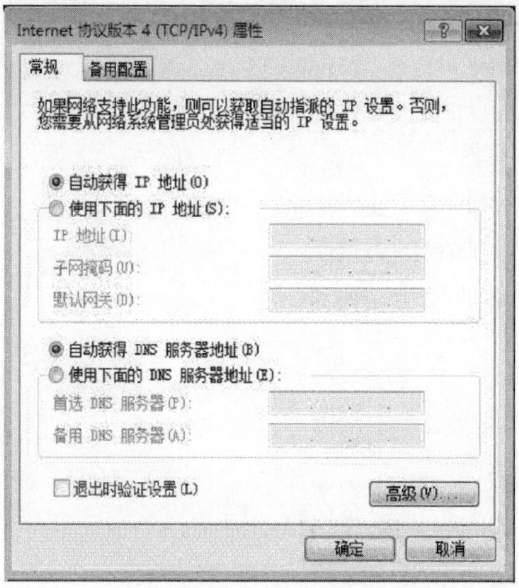

图 7-10　“Internet 协议版本 4（TCP/IPv4）属性”对话框

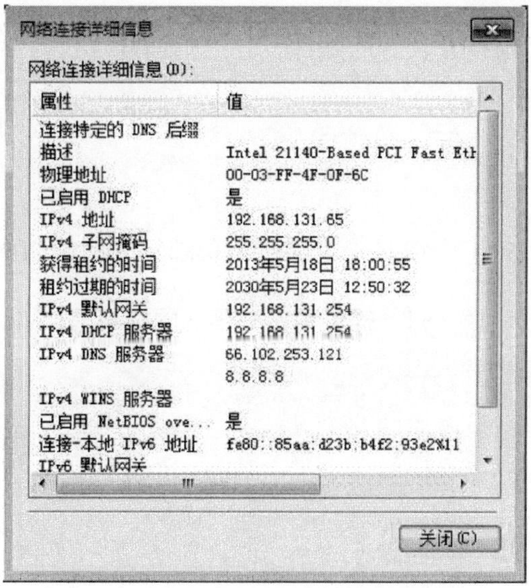

图 7-11　“网络连接详细信息”对话框

实验 7-2 电子邮件的使用

实验目的

(1) 了解可以提供免费邮箱的网站。

(2) 掌握申请免费 Web 邮箱的方法。

(3) 学会使用 Web 邮箱收发电子邮件。

实验内容

(1) 列出几个比较知名的提供免费邮箱的网站。

(2) 在新浪网站上申请一个电子邮箱，用户名自定。

(3) 在网易 163 网站上申请一个电子邮箱，用户名自定。

(4) 利用新浪邮箱向网易 163 邮箱发送一封电子邮件，主题为“摄影比赛”，并附上一张图片。

(5) 打开网易 163 邮箱查看收到的邮件，并进行回复。

实验步骤

(1) 通过调查，在表 7-1 中填写 4 个提供免费邮箱的网站与网址。

表 7-1 提供免费邮箱的网站与网址

提供免费邮箱的网站	邮箱名称后缀	申请邮箱网址
新浪		
网易		
搜狐		
QQ		

(2) 启动 IE 浏览器，在地址栏中输入网址“http：// mail. sina. com. cn”，按【Enter】键，进入新浪邮箱登录网页，单击“注册”文字链接，如图 7-12 所示。

(3)进入申请新浪邮箱的页面，根据提示输入邮箱地址、密码、密保问题和答案，并输入验证码，然后单击“同意以下协议并注册”按钮，如图7-13所示。

(4)此时进入注册邮箱的第二步，要求激活邮箱，输入手机号码，然后单击右侧的“免费获取短信验证码”按钮，这时手机会收到一条获得验证码的短信，输入该验证码，如图7-14所示。

(5)单击“马上激活”按钮，则激活邮箱并进入到邮箱中，此时不要关闭该页面，因为随后还要用来发送邮件。

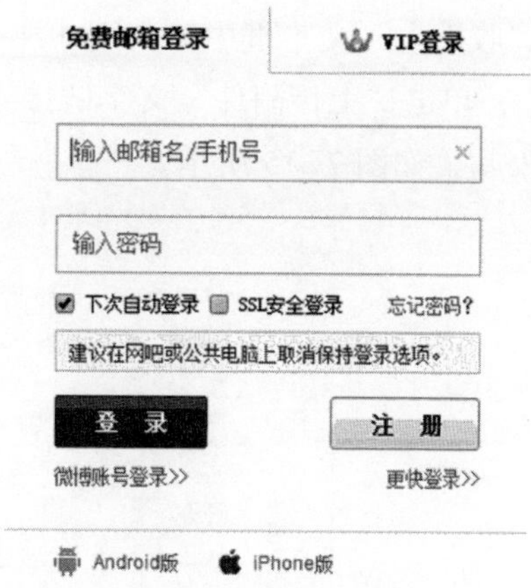

图7-12 新浪邮箱登录网页

(6)用上述同样的方法，申请一个网易163邮箱并关闭申请页面，邮箱的申请方法与申请新浪邮箱大同小异，这里不再重复。

提示：申请电子邮箱的方法基本一样，不同的网站之间会略有区别，但总体上都是两种方式：一是利用电子邮箱激活；一种是利用手机激活。

图7-13 输入邮箱信息

图7-14 输入验证码

(7)在新浪邮箱页面中单击左上角的“写信”按钮，进入写信页面，书写一封邮件，在“收件人”文本框中输入刚才注册的163邮箱地址；在“主题”文本框中输入“摄影比赛”；单击“上传附件”文字链接，在弹出的对话框中单击一幅图片，这样就完成了邮件的书写，如图7-15所示。

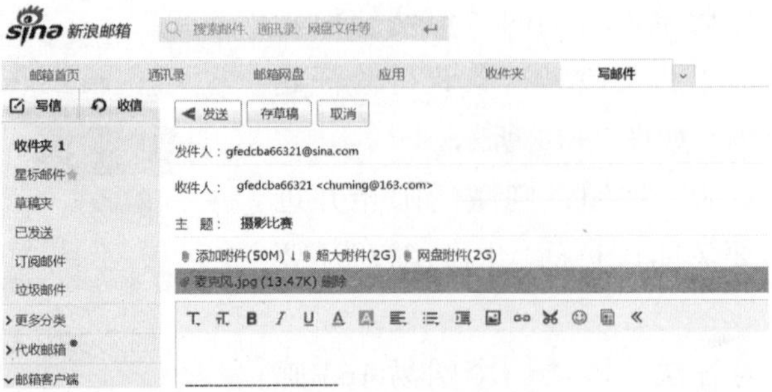

图7-15 完成输入的邮件

提示：如果要把同一封电子邮件发送给多个人，则在“收件人”邮址的右上方单击“添加抄送”文字链接，这时将出现“抄送”文本框，在该文本框中输入抄送人的邮箱地址即可，抄送给多人的话，邮址之间用逗号“，”分隔。

(8)单击页面上方或下方的“发送”按钮就可以发送邮件。

(9)在IE浏览器地址栏中输入网址“http://mail.163.com”，按【Enter】键，进入网易邮箱登录网页，然后输入邮箱名称及密码，单击“登录”按钮登录邮箱，如图7-16所示。

图7-16 登录邮箱后的界面

(10)单击页面左侧的“收件箱”链接，在页面右侧单击刚才收到的邮件，浏览邮件内容。

(11)单击页面上方的“回复”按钮，给对方写一封回信，然后单击“发送”按钮即可回复邮件，如图7-17所示。

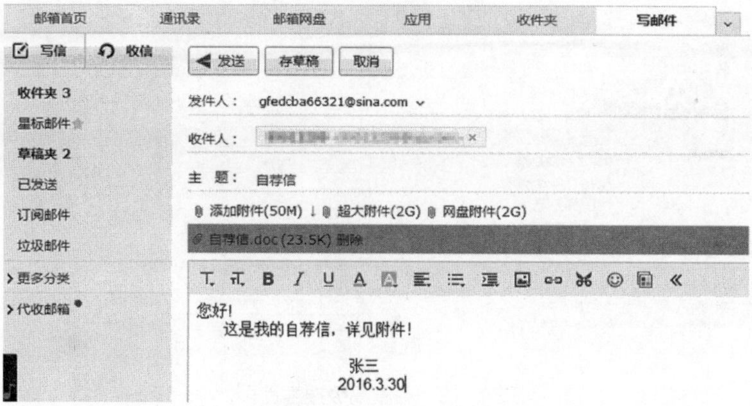

图 7-17 回复邮件

实验 7-3 互联网信息检索

实验目的

掌握百度高级搜索功能的综合应用。

实验内容

（1）运用百度高级搜索功能，查询“戴安娜王妃”最近一年的 RTF 文件。

（2）利用百度搜索服务来实施专项检索。

实验步骤

百度浏览器首页中没有百度高级搜索直接的链接入口，可在 IE 浏览器地址栏中输入百度高级搜索的网址“http://www.baidu.com/gaoji/advancedhtml”，也可以在百度上搜索“百度高级搜索”，从百度搜索的结果中进入百度高级搜索主页，如图 7-18 所示。

（1）在百度网站内查询有关戴安娜王妃最近一年的 RTF 文件，在如图 7-18 所示的页面上设置如下内容：

①在“包含以下全部的关键词”搜索框中输入“戴安娜王妃”。

②在“限定要搜索的网页的时间是”下拉列表中选择“最近一年”。

③在“搜索网页格式是”下拉列表中选择“RTF 文件”。

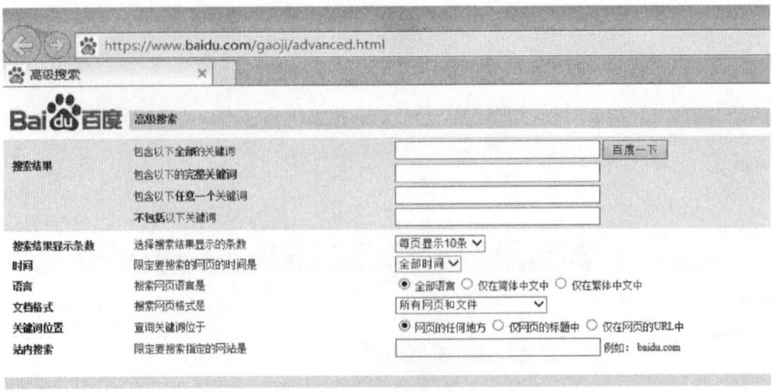

图 7-18　百度高级搜索首页

④在“限定要搜索指定的网站是”输入框中输入“baidu. com”。

单击“百度一下”按钮，则搜索出符合上述条件的网页链接，并在搜索结果的页面中生成检索式“filetype: rtfsite: (baidu. com)戴安娜王妃”，并显示相关的搜索结果。 检索结果与图 7-19 所示类似。

图 7-19　“戴安娜王妃”信息检索结果

(2)利用百度搜索服务实施专项检索。 选取特定关键词或自然词语任意三个。

在百度首页中单击“更多”链接，或者输入网址“http://www. baidu. com/more/”，可看到百度相关的搜索服务，如图 7-20 所示。

在搜索服务区中，提供了搜索网页、视频、音乐、新闻、图片和词典等搜索功能。例如，要搜索有关“泰坦尼克号”的视频，可先单击百度搜索服务中的“视频”链接，然后再输入关键词“泰坦尼克号”即可搜索与“泰坦尼克号”相关的视频。

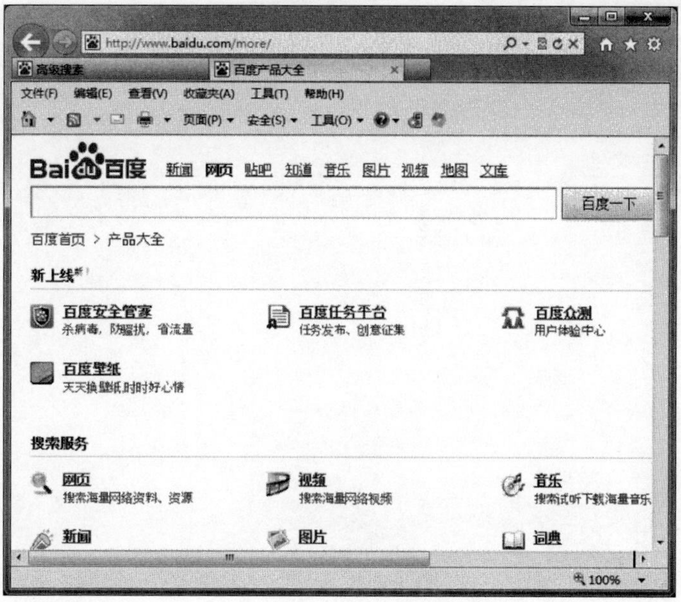

图 7-20 百度搜索服务

在导航服务区中，单击“hao123”“网站导航”链接可以看到大量的实用网址。在社区服务区中，利用“文库”链接，可搜索相关的文档；利用“空间”链接，可申请百度空间，用于存储自己的文档，等等。

第 2 篇

习 题 篇

第1章

计算机基础知识

一、选择题

1. 下列关于软件的叙述中，正确的是(　　)。

A. 计算机软件分为系统软件和应用软件两大类

B. Windows 就是广泛使用的应用软件之一

C. 所谓软件就是程序

D. 软件可以随便复制使用，不用购买

2. 用 GHz 来衡量计算机的性能，它指的是计算机的(　　)。

A. CUP 时钟主频　　B. 存储器容量

C. 字长　　D. CPU 运算速度

3. 微机的硬件系统中最核心的部件是(　　)。

A. 内存储器　　B. 输入/输出设备

C. CPU　　D. 硬盘

4. 组成计算机硬件系统的基本部分是(　　)。

A. CPU、键盘和显示器　　B. 主机和输入/输出设备

C. CPU 和输入/输出设备　　D. CPU、硬盘、键盘和显示器

5. 已知三个用不同数据表示的整数：A = 00111101B，B = 3CH，C = 64D，则能成立的比较关系是(　　)。

A. A < B < C　　B. B < C < A　　C. B < A < C　　D. C < B < A

6. 在所列的软件中：①Office 2010；②Windows 2007；③财务管理软件；④UNIX；⑤学籍管理系统；⑥MS-DOS；⑦Linux；属于应用软件的有(　　)。

A. ①②③　　B. ①③⑤

C. ①③⑤⑦　　D. ②④⑥⑦

7. 十进制整数 64 转换为二进制整数等于(　　)。

A. 1100000　　B. 1000000　　C. 1000100　　D. 1000010

8. 按照数的进位制概念，下列各个数中正确的八进制数是(　　)。

A. 1101　　B. 7081　　C. 1109　　D. B03A

9. 下列叙述中，正确的是(　　)。

A. 内存中存放的是当前正在执行的程序和所需的数据

B. 内存中存放的是当前暂时不用的程序和数据

C. 外存中存放的是当前正执行的程序和所需的数据

D. 内存中只能存放指令

10. 5 位二进制无符号数最大能表示的十进制整数是(　　)。

A. 64　　B. 63　　C. 32　　D. 31

11. 在下列字符中，其 ASCII 码值最小的一个是(　　)。

A. 空格字符　　B. 0　　C. A　　D. a

12. 下列叙述中，错误的是(　　)。

A. 把数据从内存传输到硬盘称为写盘

B. WPS Office 2003 属于系统软件

C. 把源程序转换为机器语言的目标程序的过程称为编译

D. 在计算机内部，数据的传输、存储和处理都使用二进制编码

13. 下列度量单位中，用来度量计算机内存空间大小的是(　　)。

A. MB/s　　B. MIPS　　C. GHz　　D. MB

14. 现代微型计算机中所采用的电子器件是(　　)。

A. 电子管　　B. 晶体管

C. 小规模集成电路　　D. 大规模和超大规模集成电路

15. 用来存储当前正在运行的应用程序和其相应数据的存储器是(　　)。

A. RAM　　B. 硬盘　　C. ROM　　D. CD-ROM

16. 计算机能直接识别、执行的语言是(　　)。

A. 汇编语言　　B. 机器语言　　C. 高级程序语言　　D. C++语言

17. 下列不是存储器容量单位的是(　　)。

A. KB　　B. MB　　C. GB　　D. GHz

18. 王码五笔字型输入法属于(　　)。

A. 音码输入法　　B. 形码输入法

C. 音形结合的输入法　　D. 联想输入法

19. 计算机的系统总线是计算机各部件间传递信息的公共通道，它分(　　)。

A. 数据总线和控制总线　　B. 地址总线和数据总线

C. 数据总线、控制总线和地址总线　　D. 地址总线和控制总线

20. 下列关于世界上第一台电子计算机 ENIAC 的叙述中，错误的是(　　)。

A. 它是 1946 年在美国诞生的

B. 它的主要元件是电子管和继电器

C. 它是首次采用存储器程序控制概念的计算机

D. 它主要用于弹道计算

21. 用高级程序设计语言编写的程序称为源程序，它(　　)。

A. 只能在专门的机器上运行

B. 无须编译或解释，可直接在机器上运行

C. 可读性不好

D. 具有良好的可读性和可移植性

22. 计算机操作系统是(　　)。

A. 一种使计算机便于操作的硬件设备　　B. 计算机的操作规范

C. 计算机系统中必不可少的系统软件　　D. 对源程序进行编辑和编译的软件

23. 一台计算机性能的好坏，主要取决于(　　)。

A. 内存储器的容量大小　　B. CPU 的性能

C. 显示器的分辨率高低　　D. 硬盘的容量

24. 对于计算机用户来说，为了防止计算机意外故障而丢失重要数据，应对重要数据定期进行备份。 下列移动存储器中，最不常用的一种是(　　)。

A. 软盘　　B. USB 移动硬盘　　C. U 盘　　D. 磁带

25. 对 CD-ROM 可以进行的操作是(　　)。

A. 读或写　　B. 只能读不能写

C. 只能写不能读　　D. 只能存不能取

26. 办公室自动化(OA)是计算机的一项应用，按计算机应用的分类，它属于(　　)。

A. 科学计算　　B. 辅助设计　　C. 实时控制　　D. 信息处理

27. 字长是 CPU 的主要技术性能指标之一，它表示的是(　　)。

A. CPU 的计算结果的有效数字长度　　B. CPU 一次能处理二进制数据的位数

C. CPU 能表示的最大的有效数字位数　　D. CPU 能表示的十进制整数的位数

28. 下列设备组中，完全属于外部设备的一组是(　　)。

A. 激光打印机、移动硬盘、鼠标器

B. CPU、键盘、显示器

C. SRAM 内存条、CD-ROM 驱动器、扫描仪

D. U 盘、内存储器、硬盘

29. 下列的英文缩写和中文名字的对照中，错误的是(　　)。

A. CAD——计算机辅助设计　　B. CAM——计算机辅助制造

C. CIMS——计算机集成管理系统　　D. CAI——计算机辅助教育

30. 下列选项中，既可作为输入设备又可作为输出设备的是(　　)。

A. 扫描仪　　B. 绘图仪　　C. 鼠标器　　D. 磁盘驱动器

31. 计算机指令由两部分组成，它们是(　　)。

A. 运算符和运算数　　B. 操作数和结果

C. 操作码和操作数　　D. 数据和字符

32. 计算机的销售广告中，P4“2. 4G/256M/80G”中的 2. 4G 是表示(　　)。

A. CPU 的运算速度为 2. 4GIPS

B. CPU 为 Pentium 4 的 2. 4 代

C. CPU 的时钟主频为 2. 4GHz

D. CPU 与内存间的数据交换速率是 2.4Gbit/s

33. 操作系统将 CPU 的时间资源划分成极短的时间片轮流分配给各终端用户，使终端用户单独分享 CPU 的时间片，有独占计算机的感觉，这种操作系统称为(　　)。

A. 实时操作系统　　B. 批处理操作系统

C. 分时操作系统　　D. 分布式操作系统

34. 计算机中采用二进制是因为它(　　)。

A. 代码表示简短，易读

B. 物理上容易表示和实现，运算规则简单，可节省设备且便于设计

C. 容易阅读，不易出错

D. 只有 0 和 1 两个数字符号，容易书写

35. 计算机主要技术指标通常是指(　　)。

A. 所配备的系统软件的版本

B. CPU 的时钟频率、运算速度、字长和存储容量

C. 显示器的分辨率、打印机的配置

D. 硬盘容量的大小

36. 计算机病毒实际上是(　　)。

A. 一个完整的小程序

B. 一段寄生在其他程序上的通过自我复制可进行传染的，破坏计算机功能和数据的特殊程序

C. 一个有逻辑错误的小程序

D. 微生物病毒

37. 下列叙述中，正确的是(　　)。

A. 计算机病毒只在可执行文件中传染

B. 计算机病毒主要通过读/写移动存储器或通过 Internet 进行传播

C. 只要删除所有感染了病毒的文件就可以彻底消除病毒

D. 计算机杀毒软件可以查出和清除任意已知和未知的计算机病毒

38. 当计算机病毒发作时，主要造成的破坏是(　　)。

A. 对磁盘片的物理损坏

B. 对磁盘驱动器的损坏

C. 对 CPU 的损坏

D. 对存储在硬盘上的程序、数据甚至系统的破坏

二、填空题

1. 早期冯·诺依曼提出了计算机的三项重要设计思想，其基本内容是(1)________；(2)________；(3)________。

2. 进行下列数据的转换

(1)十进制数转换成二进制数

① 143(　　$)_2$　　② 168(　　$)_2$

③ 116.65(　　$)_2$　　　④ 04375(　　$)_2$

(2)二进制数转换成十进制数

① 1011101(　　$)_{10}$　　　② 110111101(　　$)_{10}$

(3)二进制数转换成十六进制数

① 1011011(　　$)_{16}$　　　② 1011010110(　　$)_{16}$

3. 一个字节由________个二进制数组成，它能表示的最大二进制数为________，即(　　$)_{10}$。

4. 已知小写的英文字母“m”的十六进制 ASCII 码值为 6D，则小写英文字母“p”的十六进制 ASCII 码值是________。

5. 在 GB2312 编码中，每个汉字的机内码占用________个字节，每个字节的最高位都是________。

6. 已知“考”的区位码为 3128D，它对应的国标码是________B，机内码是________H。

(注：D，B，H 分别表示十进制、二进制及十六进制)

7. 在汉字输入法状态下，当按________键后，则可以输入大写字母；若按住________键的同时再按字母键，则可以输入小写字母。

8. 在 24×24 点阵字库中，每个汉字字形码需用________个字节存储；一级字库有 3755 个汉字，那么将占用________个字节的存储容量。

9. 用高级语言编写的源程序，需要加以翻译处理后，计算机才能执行。翻译处理一般有________和________两种方式。

第2章

Windows 7 文件管理

一、填空题

1. 启动计算机以后，第一眼看到的显示器显示的全部内容就是人们常说的________。

2. 右键单击________空白位置，选择“属性”选项，可以在打开的对话框中设置开始菜单的显示方式。

3. 在 Windows 7 中删除一个文件，一般首先将文件放入到________中暂时保存，而不是真正从计算机中清除。

4. 应用程序的名称一般显示在窗口的________上。

5. 当在桌面上同时打开多个窗口时，只有一个窗口会处于激活状态，并且这个窗口会覆盖在其他窗口之上。 被激活的窗口称为________。

6. 如果同时运行多个程序，其中一个程序出现了故障而使其他应用程序无法运行，这时可以按________组合键，打开“Windows 任务管理器”对话框，在________的“任务”列表中选择要关闭的应用程序列表项，然后单击________按钮可以强制关闭应用程序。

7. Windows 7 的资源管理一般通过________来完成，系统通过它来组织和管理诸如文件、文件夹等计算机资源。

8. 任何程序和数据都是以________的形式存放在计算机的外存储器上。

9. 文件也是按________来存取的，其结构为________，如 setup. bmp。

10. 资源管理器中的操作和显示除了已列出操作之外，还可以通过________改变其操作和显示方法。

11. 文件的属性包括________、________、隐藏文档。

12. ________提供了有关计算机性能、计算机上运行的程序和进程的信息。

13. 在 Windows 7 系统中任何时候按下________组合键，都会显示“Windows 任务管理器”。

14. 要结束某个没有响应的应用程序，可以通过“Windows 任务管理器”中的________选项卡实现。

15. 要查看当前计算机内存的使用情况，可以通过“Windows 任务管理器”中的________选项卡实现。

16. 如果看到自己的显示器屏幕不停地闪动，多半是屏幕的刷新率设置太低，可以通过“屏幕分辨率”中“高级设置”对话框的“监视器”选项卡设置“屏幕刷新频率”在________以上。

17. ________是一种将硬件与操作系统相互连接的软件，是操作系统与硬件设备之间的桥梁和沟通的纽带。

18. 在长期使用计算机以后，文件在硬盘上的分布会比较分散，可以使用 Windows 系统自带的________对硬盘进行整理，加快数据的访问速度。

19. Windows 7 系统提供给用户的一剂“后悔药”是指 Windows 系统的________功能。

20. Windows 7 系统自带的两个简单的文字处理程序，分别为________和________。

21. Windows 7 系统自带的计算器有两种显示方式：一种是________；另一种是________。

22. 在计算器中，字符“: c”的作用是________。

二、选择题

1. 操作系统是控制外部设备和 CPU 之间的通道，把提出请求的外部设备按一定的优先顺序排好队，等待 CPU 响应。这属于操作系统的(　　)功能。

A. CPU 控制与管理　　B. 存储管理

C. 文件管理　　D. 设备管理

2. 下列关于正确退出 Windows 7 系统描述错误的是(　　)。

A. 单击“开始”菜单中的“关机”按钮

B. 按下主机电源开关直接关闭计算机

C. 在关闭计算机之前应退出所有程序和保存好所需的数据

D. 在正确退出系统后，断开主机电源，然后再关闭外部设备电源

3. 在启动 Windows 7 时，要使系统进入启动模式，选择菜单应按(　　)键。

A.【F4】　　B.【Ctrl】+【Esc】

C.【F8】　　D.【F1】

4. Windows 7 系统是一个(　　)操作系统。

A. 单用户单任务　　B. 多用户单任务

C. 单用户多任务　　D. 多用户多任务

5. 当鼠标移动至有链接的对象上方时，会出现的鼠标指针形状为(　　)。

A. 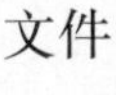　　B. 　　C. 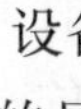　　D.

6. 当桌面上的鼠标指针显示为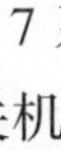时，当前系统的状态为(　　)。

A. 系统正在等待用户输入信息

B. 系统正忙，进行其他操作需要等待

C. 表示进行各种操作都是无效的

D. 系统出现错误，正在调整状态

7. 要运行某一程序，可以用鼠标(　　)该程序对应的图标。

A. 单击　B. 双击　C. 两次单击　D. 右击

8. 下列操作不能创建快捷图标的是(　　)。

A. 在“资源管理器”中右键单击对象，选择快捷菜单中的“发送到”命令

B. 在“资源管理器”中拖动文件到桌面上

C. 在“资源管理器”中右键单击对象，选择快捷菜单中的“创建快捷方式”命令

D. 在“资源管理器”中右键拖动选择的对象

9. 要重新排列桌面图标，正确的操作为(　　)。

A. 用鼠标拖动图标

B. 通过桌面右键菜单中的选项排列

C. 通过任务栏右键菜单命令排列

D. 通过“资源管理器”窗口排列

10. 在创建文档时，一般默认保存文件的目标文件夹为(　　)。

A. 我的文档　B. 我的电脑　C. 系统文件夹　D. C 盘

11. 下列关于“回收站”的描述正确的是(　　)。

A. “回收站”是硬盘上面的一块区域

B. “回收站”的空间大小是固定不变的

C. 在 Windows 7 系统中删除文件时一定会将文件先放入“回收站”

D. “回收站”是计算机内存中的一块区域

12. 下列关于“任务栏”的描述错误的是(　　)。

A. “任务栏”的位置只能在桌面的底部

B. “任务栏”的大小是可以改变的

C. “任务栏”上的图标是不固定的

D. 通过“任务栏”可以快速启动一些应用程序

13. 对一个应用程序窗口进行操作的信息一般显示在窗口的(　　)。

A. 标题栏　B. 工具栏　C. 工作区域　D. 状态栏

14. 通常使用(　　)键激活窗口的菜单栏。

A.【Shift】　B.【Alt】

C.【Tab】　D.【Ctrl】+【Shift】

15. 通常使用(　　)键在一个对话框中的各个对象上切换。

A.【Shift】　B.【Alt】

C.【Tab】　D.【Ctrl】+【Shift】

16. 在 Windows 7 系统中，每启动一个程序就会出现一个(　　)。

A. 窗口　B. 图标　C. 桌面　D. 对话框

17. Windows 7 系统是一个多任务的操作系统，任务之间的切换按(　　)键。

A.【Alt】+【Tab】　B.【Alt】+【Esc】

C.【Shift】+【Space】　D.【Shift】

18. 在 Windows 7 系统中，若需移动整个窗口则可用鼠标拖动窗口的(　　)。

A. 工具栏　　B. 状态栏　　C. 标题栏　　D. 菜单栏

19. 在同一窗口中不可能同时出现的按钮是(　　)。

A. 复原与最小化　　B. 复原与最大化

C. 最大化与最小化　　D. 关闭与复原

20. 在 Windows 7 系统中退出当前应用程序应按(　　)组合键。

A. 【Alt】+【F1】　　B. 【Alt】+【F2】

C. 【Alt】+【F4】　　D. 【Alt】+【Z】

21. 菜单命令旁带“”表示(　　)。

A. 该命令当前不能执行

B. 执行该命令会打开一个对话框

C. 单击它后不执行该命令

D. 该命令有快捷键

22. 在 Windows 7 的下列操作中，(　　)操作不能启动应用程序。

A. 双击该应用程序名

B. 用“开始”菜单中的“文档”命令

C. 用“开始”菜单中的“运行”命令

D. 右击桌面上应用程序的快捷图标

23. 下列关于 Windows 7 窗口说法正确的是(　　)。

A. 窗口最小化后，该窗口也同时被关闭了

B. 窗口最小化后，该窗口程序也同时被关闭了

C. 桌面上可同时打开多个窗口，通过任务栏上的相应按钮可进行窗口切换

D. 窗口最大化和还原按钮同时显示在标题栏上

24. 下列不能作为文件名的是(　　)。

A. Abc3bn　　B. 145com

C. mm? cexe　　D. 1cdbmp

25. 下列图标表示 Word 文件的是(　　)。

A. 　　B. 　　C. 

　　D. 

26. 下列图标默认表示为文件夹的是(　　)。

A. 

　　B. 　　C. 　　D. 

27. 如果需要将隐藏的文件或者文件夹显示出来，可以通过资源管理器窗口的(　　)菜单进行设置。

A. 编辑　　B. 工具　　C. 查看　　D. 文件

28. 下列操作不能进入文件或者文件夹名称编辑状态的是(　　)。

A. 选择文件或文件夹对象后，按【F2】键

B. 两次单击要编辑名称的文件或文件夹对象

C. 在要编辑名称的文件或文件夹对象上单击右键，选择“重命名”命令

D. 双击要编辑名称的文件或文件夹对象

29. 在资源管理器中要间隔选择多个文件或者文件夹对象，应该在按下(　　)键后再用鼠标单击需要选择的对象。

A. 【Ctrl】　　B. 【Shift】

C. 【Alt】　　D. 【Ctrl】+【Alt】

30. 在资源管理器中要连续选择多个文件或者文件夹对象应该在按下(　　)键后，再用鼠标单击需要选择的对象。

A. 【Ctrl】　　B. 【Alt】

C. 【Shift】　　D. 【Ctrl】+【A】

31. 在同一磁盘分区拖动文件到另外的文件夹中完成的操作为(　　)。

A. 复制　　B. 移动　　C. 删除　　D. 创建快捷方式

32. 通过鼠标右键拖动文件或文件夹对象不能完成的操作是(　　)。

A. 新建文件　　B. 移动　　C. 复制　　D. 创建快捷方式

33. 要将文件从硬盘中彻底清除而不进入回收站，应该在执行“删除”操作时按下(　　)键。

A. 【Ctrl】　　B. 【Shift】

C. 【Alt】　　D. 【Ctrl】+【Alt】

34. 在“资源管理器”窗口中，如果文件夹没有展开，文件夹图标前会有(　　)。

A. *　　B. +　　C. /　　D. -

35. 选定文件或文件夹后，(　　)不能删除所选的文件或文件夹。

A. 按【Del】键

B. 选“文件”菜单中的“删除”命令

C. 用鼠标左键单击该文件夹，打开快捷菜单，选择“剪切”命令

D. 单击工具栏上的“删除”按钮

36. 在“资源管理器”中，使用“文件”菜单中的(　　)命令，可将硬盘上的文件复制到U盘。

A. 复制　　B. 发送到　　C. 另存为　　D. 保存

37. Windows 7 的剪贴板是(　　)中的一块区域。

A. 内存　　B. 显示存储器　　C. 硬盘　　D. Windows

38. Windows 7 默认保存文件的文件夹是(　　)。

A. 我的文档　　B. 桌面　　C. 收藏夹　　D. 最近文档列表

39. 在“Windows 任务管理器”不能查看的信息是(　　)。

A. 内存的使用状态　　B. 硬盘的使用状态

C. CPU 的使用情况　　D. 运行的应用程序名称

40. 操作系统中“控制面板”的图标(　　)。

A. 是固定不变的　　　　　　　　　　B. 与系统安装的软件无关
C. 与系统安装的软件有关　　　　　　D. 完全由计算机的硬件系统确定

41. 要改变桌面背景图片，可以通过双击“控制面板”中的(　　)图标打开对应的对话框进行设置。

A. 属性　　　B. 系统　　　C. 显示　　　D. 管理工具

42. 下列有关驱动程序描述错误的是(　　)。

A. 驱动程序是一种将硬件与操作系统相互连接的软件
B. 鼠标和键盘不需要安装驱动程序也能正常工作
C. 驱动程序是操作系统与硬件设备之间的桥梁和沟通的纽带
D. 在 Windows 7 系统中带有很多类型的硬件驱动程序

43. 关于“添加新硬件”的作用描述错误的是(　　)。

A. 将新的计算机配件连接到计算机主机接口上
B. 为正确连接的计算机硬件添加驱动程序
C. 安装不能被操作系统正常识别的硬件设备
D. 安装操作系统没有附带驱动程序的新硬件

44. Windows 7 的屏幕保护程序保护的是(　　)。

A. 打印机　　　B. 显示器　　　C. 用户　　　D. 主机

45. 要安全清除硬盘中一些无用的文件，一般使用 Windows 7 系统的(　　)功能来实现。

A. 备份　　　B. 磁盘清理　　　C. 添加/删除程序　　　D. 碎片整理

46. 在计算器中，用来清除当前计算的字符为(　　)。

A. “: m”　　　B. “: p”　　　C. “: q”　　　D. “: r”

47. 按(　　)组合键可以快速启动默认的中文输入法。

A. 【Ctrl】+空格　　　　　　B. 【Ctrl】+【Alt】
C. 【Ctrl】+【Z】　　　　　　D. 【Ctrl】+【. 】

48. 按(　　)组合键可以实现在中、英文输入法之间轮换打开。

A. 【Ctrl】+空格　　　　　　B. 【Ctrl】+【Alt】
C. 【Ctrl】+【Shift】　　　　D. 【Ctrl】+【. 】

49. 按(　　)组合键可以实现中、英文标点符号的切换。

A. 【Ctrl】+空格　　　　　　B. 【Ctrl】+【Alt】
C. 【Ctrl】+【Z】　　　　　　D. 【Ctrl】+【. 】

50. 按(　　)组合键可以实现全角与半角的切换。

A. 【Shift】+空格　　　　　　B. 【Ctrl】+【Alt】
C. 【Ctrl】+【Shift】　　　　D. 【Alt】+【. 】

51. 下列有关输入法描述错误的是(　　)。

A. 要使用输入法输入中文，首先必须启动对应的输入法
B. 使用中文输入法可以输入一些常见的特殊符号

C. 可以为不同的输入法设置不同的启动快捷键

D. 在中文输入法状态下不能输入英文

52. 在“全拼”输入法状态下，通过(　　)键可以输入中文的顿号。

A. 【/】　　B. 【\】　　C. 【，】　　D. 【=】

53. 计算机中的“磁盘碎片”指的是(　　)。

A. 散落在不同位置的计算机配件

B. 磁盘上排放无序的各类文件与数据

C. 磁盘上可用但是不能存放信息的存储空间

D. 磁盘上各类数据之间的空余的磁盘空间

54. 下列有关操作系统“附件”描述错误的是(　　)。

A. 操作系统“附件”中包含了系统自带的一些工具软件

B. 通过“附件”中的“计算器”可以完成日常的一些计算任务

C. “附件”中附带的“录音机”不能录制系统播放的音乐，只能录制话筒声音

D. 对于系统没有的怪僻字，可以通过“附件”中的工具录入

55. 如果想要快速获取当前计算机的详细配件信息，如 CPU 的型号和频率、内存容量、操作系统版本、用户名称等信息，可以通过(　　)快速实现。

A. 在桌面“计算机”上右键单击，选择“属性”命令

B. 通过“附件”→“系统工具”中的“系统信息”工具

C. 通过“资源管理器”中的“计算机”窗口

D. 通过“控制面板”中的“系统工具”

56. Windows 7 提供了多种手段供用户在多个运行着的程序间切换，按(　　)键可在打开的各个程序、窗口间进行循环切换。

A. 【Alt】+【Ctrl】　　B. 【Alt】+【Tab】

C. 【Ctrl】+【Esc】　　D. 【Tab】

三、简答题

1. 什么是操作系统？它具有哪些主要功能？

2. 操作系统有哪些分类？ 各类划分的标准是什么？

3. 简述 Windows 7 的特点。

4. 简述“关闭”快捷菜单中出现的“待机”“休眠”选项的作用。

5. 在 Windows 7 中常用的启动程序方法有哪些？

6. 当某个程序不能正常退出时，如何关闭该程序？

7. 如何正常退出 Windows 7 系统？

8. Windows 7 的窗口都由哪些部分组成？

9. 启动一个程序都有哪些方式？ 比较一下各种启动方式的特点。

10. 当碰到一个问题时，如何使用 Windows 7 的帮助系统以获得相关信息？

11. 在“资源管理器”文件与文件夹浏览窗口中，可用的视图方式有哪些？它们各有什么特点？结合自己的操作实践介绍它们一般在什么情况下使用。

12. 如何使用查找功能寻找“. doc”文件?

13. 误删除的文件如何从回收站中恢复?

14. 如果需要使用屏幕保护程序来设置自己的计算机不被别人使用和查看当前操作状态应该如何设置?

15. 如何设置当计算机等待 5 分钟后进入“三维飞行物”的保护程序?

第3章

文字处理软件 Word 2010

一、填空题

1. ________是最简单和最常用的一种信息的表现形式。

2. 文字处理，简单地说就是利用计算机中的文字处理软件对文字信息进行加工处理，其过程大体包括三个环节：________，________和________。

3. Microsoft Word 是目前世界上应用最为广泛的________软件，是创建办公文档最常用的软件之一。

4. Microsoft Excel 是一个专门________的软件。

5. Microsoft PowerPoint 是目前用户快速创建专业________的创作工具。

6. Word 中提供了常用的________、________、________、________和阅读版式等，分别适用于不同的文档处理工作。

7. 制作一个 Word 文档包括________，________，________，________等步骤。

8. 在 Word 2010 中使用________可以快速地制作出所需的文档，如传真、信函、简历和合同等。

9. 新建的 Word 2010 文档，在编辑区左上角会有一个不停闪烁的竖线，称为________。

10. Word 2010 文档中文本的输入有________或________两种不同的状态。在________状态下，输入字符插入在光标所在位置，原有的字符将自动往右移；在________状态下，输入的字符将替换光标处原有的字符。

11. 在页面视图中，用户可以使用________功能在文档的任一空白位置设置插入点。

12. 在 Word 2010 文档中，文字下面自动加上的红色或绿色的波浪下划线是用于提醒用户，此处可能有拼写或语法错误：红色波浪下划线表示是________错误；绿色波浪下划线表示是________错误。

13. 使用 Word 2010 处理文档，一般遵循________的原则。

14. Word 2010 以__________纸为默认纸张，大小为 210mm×297mm，页面方向为__________。

15. 段落的缩进指的是段落两侧与页边界的距离。设置段落缩进能够使文档更加清晰、易读。段落缩进有四种，分别为________、________、________和________。

16. 在拖动 Word 2010 文档中图片边框的过程中，如果按下________键可以比较精细地调整图片的大小；按下________键可以从对称的两个方向调整图片大小。

17. Word 2010 的“绘图”功能主要依靠________工具栏来实现，在其提供的________列表中提供了多种类型，能够任意改变形状的自选图形。

二、选择题

1. 下列软件属于专业文字处理系统的是(　　)。

A. 记事本　　B. Microsoft Word　　C. PageMaker　　D. WPS Office

2. 在 Office 组件中，用来处理电子表格的软件是(　　)。

A. PowerPoint　　B. Outlook　　C. Excel　　D. Word

3. 如果需要创建一个用于课堂教学的幻灯片演示，可以使用(　　)软件完成。

A. PowerPoint　　B. Outlook　　C. Excel　　D. Word

4. 下列操作不能用于启动 Word 程序的是(　　)。

A. 单击“开始”菜单中“所有程序”下 Office 组件中的 Word 选项

B. 单击资源管理器中的 Word 文件

C. 单击“文档”(我的最近文档)中的 Word 文档列表项

D. 单击“开始”菜单中的“运行”命令，在编辑框中输入“winword”后按【Enter】键

5. 下列操作不能执行退出 Word 程序的是(　　)。

A. 单击 Word 程序标题栏右上角的关闭按钮

B. 双击标题栏左侧的系统图标

C. 单击“文件”菜单，选择其中的“退出”命令

D. 按下【Alt】+【F4】组合键

6. 在 Word 2010 状态栏中不包含的选项是(　　)。

A. 当前页为文档第几页　　B. 当前页码

C. 操作提示信息　　D. 当前插入点位置

7. 下列有关 Word 2010 工具栏描述正确的是(　　)。

A. Word 2010 工具栏的数量是固定不变的

B. 不显示的 Word 2010 工具栏将从 Word 2010 程序中删除

C. 用户可以将一些自己常用的命令添加到显示的工具栏上

D. 工具栏上的图标用户不能更改

8. 要快速以默认模板创建一个 Word 2010 空白文档，使用的组合键为(　　)。

A.【Ctrl】+【O】　　B.【Ctrl】+【N】

C.【Ctrl】+【P】　　D.【Ctrl】+【Alt】+【N】

9. 在 Word 2010 文档输入文本，如果不小心输入了一个错别字或字符，不能删除这个错别字或字符的操作是(　　)。

A. 在输入字符或错别字后，直接按退格键【Backspace】

B. 在输入字符或错别字后，直接按删除键【Delete】或【Del】

C. 将插入点移动到该字符或错别字前，按删除键【Delete】或【Del】

D. 选择该字符或错别字后，输入正确的文字或字符

10. 在 Word 2010 文档中，文本的输入有“插入”和“改写”两种不同的状态，要改变这两种输入状态，可以通过按下(　　)键实现。

A. 【Shift】　　B. 【Caps Lock】　　C. 【Ctrl】　　D. 【Insert】

11. 在 Word 2010 编辑窗口中，按下【Ctrl】+【Home】组合键，执行的操作是(　　)。

A. 将插入点移动到行尾　　B. 将插入点移动到文档开头

C. 将插入点移动到行首　　D. 将插入点移动到页首

12. 如果只是需要换行而不希望另起一段，应该按下(　　)键的同时按下【Enter】键。

A. 【Shift】　　B. 【Alt】

C. 【Ctrl】　　D. 【Ctrl】+【Shift】

13. 按下(　　)+【Enter】键不能另起一页。

A. 【Shift】　　B. 【Alt】

C. 【Ctrl】　　D. 【Ctrl】+【Shift】

14. 要快速保存当前对文档的编辑修改使用的组合键为(　　)。

A. 【Ctrl】+【O】　　B. 【Ctrl】+【N】

C. 【Ctrl】+【P】　　D. 【Ctrl】+【S】

15. Word 2010 具有自动保存的功能，系统默认每隔(　　)分钟自动保存一次当前文档。

A. 5　　B. 10　　C. 12　　D. 20

16. 如果要同时关闭多个文档，可以按下(　　)键，将“文件”菜单中的“关闭”命令变成“全部关闭”命令，单击该命令可以关闭所有已打开的文档。

A. 【Shift】　　B. 【Alt】

C. 【Ctrl】　　D. 【Ctrl】+【Shift】

17. 要快速打开 Word 2010 文件，可以使用组合键(　　)。

A. 【Ctrl】+【N】　　B. 【Ctrl】+【O】

C. 【Ctrl】+【P】　　D. 【Ctrl】+【S】

18. 在 Word 2010 中新建文档的工具栏按钮是(　　)，打开文档的工具栏按钮是(　　)，保存文档的工具栏按钮是(　　)。

A. 　　B. 　　C. 　　D. 

19. 在 Word 2010 文档中将光标直接移动到本行行尾的键是(　　)。

A. 【PgUp】　　B. 【End】

C. 【Ctrl】+【Home】　　D. 【Home】

20. 在 Word 2010 文档中，若不显示常用工具栏，则可通过(　　)菜单下的工具栏命令来实现显示。

A. 工具　　B. 视图　　C. 窗口　　D. 格式

21. 复制对象可单击工具栏中的(　　)按钮，粘贴对象可单击工具栏中的(　　)按钮。

A. 　　B. 　　C. 　　D. 

22. 在 Word 2010 文档中，单击工具栏中的(　　)按钮可以撤销当前的操作，单击工具栏中的(　　)按钮可以恢复撤销的操作。

A. 　　B. 　　C. 　　D. 

23. 在 Word 2010 文档的剪贴板中，最多可以储存(　　)次复制或剪切后的内容。

A. 14　　B. 12　　C. 24　　D. 20

24. 在 Word 2010 文档中编辑文本时，要选定一句话，可按住(　　)键，再单击句中的任意位置。

A.【Alt】　　B.【Ctrl】

C.【Shift】　　D.【Ctrl】+【Shift】

25. 在 Word 2010 文档中编辑文本时，要选定矩形区域，可将鼠标移动到要选定的矩形区域左上角，按住(　　)键不放，再按住鼠标左键将鼠标指针拖到矩形右下角即可。

A.【Alt】　　B.【Ctrl】

C.【Shift】　　D.【Ctrl】+【Shift】

26. 在 Word 2010 文档中编辑文本时，要打开扩展方式选定文本，应该按下(　　)键。

A.【F2】　　B.【F8】

C.【Shift】　　D.【Ctrl】+【Shift】

27. 在 Word 2010 文档中，要撤销当前已经执行的操作，应该使用组合键(　　)。

A.【Alt】+【Z】　　B.【Ctrl】+【Y】

C.【Ctrl】+【Z】　　D.【Ctrl】+【H】

28. 在 Word 2010 文档中，要恢复当前被撤销的操作，应该使用组合键(　　)。

A.【Alt】+【Z】　　B.【Ctrl】+【Y】

C.【Ctrl】+【Z】　　D.【Ctrl】+【H】

29. 在 Word 2010 文档中，用于打开“查找与替换”对话框的组合键为(　　)。

A.【Alt】+【F】　　B.【Ctrl】+【F】

C.【Ctrl】+【R】　　D.【Ctrl】+【I】

30. 下列关于 Word 2010 文档中页面设置的说法错误的是(　　)。

A. Word 默认纸张为 A4 纸，如要使用其他纸张打印一般需要重新设置

B. 用 Word 编排的文档只能使用 A4、B5、16 开和 32 开等纸张打印

C. 页边距可用来调整文档内容与纸张边界的距离

D. 使用“页面设置”中的“方向”设置可以改变纸张输出方向

31. 在 Word 2010 文档中，显示方式与最终打印效果基本上没有差别的视图是(　　)。

A. 普通视图　　B. Web 版式视图

C. 大纲视图　　D. 页面视图

32. 在 Word 2010 文档中，如果对某些字符格式设置不满意，按(　　)组合键，可以取消文档中选中段落的所有字符的排版格式。

A. 【Ctrl】+【Shift】+【Z】　　B. 【Ctrl】+【Shift】+【Y】

C. 【Ctrl】+【Z】　　D. 【Ctrl】+【Alt】+【Z】

33. 在 Word 2010 文档中，如果要精确设置制表位，可先按下(　　)键，然后在标尺上拖动鼠标。

A. 【Ctrl】　　B. 【Alt】

C. 【Ctrl】+【Alt】　　D. 【Shift】

34. 下列关于 Word 2010 文档中打印预览的说法错误的是(　　)。

A. 打印预览可以查看文档最终的打印效果

B. 如果发现有什么问题，可从打印预览视图中返回至编辑窗口再进行相应的编辑修改

C. Word 2010 文档中的页面视图与打印预览视图显示的效果几乎完全一样，因此页面视图也可作打印预览视图使用

D. 打印预览视图只能用于文档打印效果的查看，不能执行任何编辑操作

35. 在 Word 2010 文档中，复制文本排版格式可以单击工具栏中的(　　)按钮。

A. 　　B. 　　C. 　　D. 

36. 在 Word 2010 文档中，“100M2”中“2”的格式是(　　)。

A. 下标　　B. 位置提升的结果

C. 上标　　D. 字符缩放的结果

37. 在 Word 2010 文档中，下列描述正确的是(　　)。

A. Word 2010 文档中只能插入保存在“剪贴画”库中的图片

B. 对于插入到 Word 2010 文档中的图片大小不能任意改变

C. 插入到 Word 2010 文档中的图片可以通过裁剪只显示图片的部分内容

D. Word 中的图片通过裁剪没有显示的内容被 Word 删除了

38. 下列关于 Word 2010 文档中图形功能描述错误的是(　　)。

A. 默认状态下，绘制图形时会出现一个标有“在此处创建图形”的绘图画布

B. 在出现绘图画布时，不能在画布区域外绘制图形

C. 在拖动鼠标绘制直线的同时按住【Shift】键，可以绘制出水平或垂直的线条

D. 对于绘制的图形，可以通过控制点调整其形状

39. 下列不属于组织结构图中的图框名称的是(　　)。

A. 下属　　B. 助手　　C. 同事　　D. 上司

40. 在 Word 文档中的图形对象上出现绿色控制点时，其作用是(　　)。

A. 调整图形的大小　　B. 调整图形的角度

C. 调整图形的位置　　D. 改变图形的形状

41. 关于“文本框”描述错误的是(　　)。

A. 它实际上是一种可移动的、大小可调的文字容器

B. “文本框”可以像图形一样进行排版和调整位置

C. “文本框”中不能放入图片

D. “文本框”中的文字可以改变显示方向

42. 下列关于“艺术字”描述错误的是(　　)。

A. “艺术字”就是 Word 2010 中有特殊效果的文字

B. 对于“艺术字”的样式在选择好后不能更改

C. 对于“艺术字”的形状在选择好后可以更改

D. “艺术字”文字的“字体”“颜色”和“阴影”等全部可以由用户自行修改

43. 下列有关 Word 2010 文档中表格描述错误的是(　　)。

A. 在 Word 2010 文档中可以通过菜单命令和工具栏命令插入表格

B. 在 Word 2010 文档中插入的表格的行、列数是固定的

C. 对于插入的表格可以按照需要调整其行宽和列高

D. 对于 Word 2010 文档中表格的数据也可以进行计算得到需要的数据

44. 在表格和边框工具栏中，(　　)是合并单元格工具按钮，(　　)是擦除表格线工具按钮，(　　)是绘制表格工具按钮，(　　)是设置边框颜色工具按钮。

A. 　　B. 　　C. 　　D. 

E. 　　F. 　　G. 

45. 在 Word 2010 文档中，若想用鼠标在表格中选中一个列，可将鼠标指针移到该列的(　　)，然后单击鼠标。

A. 顶部　　B. 底部　　C. 左边　　D. 右边

46. 在 Word 2010 文档中关于“分页”描述错误的是(　　)。

A. 当文字或图形填满一页时，Word 2010 文档中会插入一个自动分页符并开始新的一页

B. 用户可以在需要分页的位置插入手动分页符，进行人工分页

C. 手工插入的分页符不能删除

D. 用户也可以通过添加空行的方式进行人工分页

47. 在 Word 2010 文档中关于“首字下沉”描述错误的是(　　)。

A. 设置“首字下沉”后，效果将出现在当前插入点所在的段落前面

B. “首字下沉”的首字实质上就是一个文本框

C. “首字下沉”的首字内容不能改变

D. “首字下沉”的首字可以改变内容、位置和任意设置格式

48. 在 Word 2010 文档中关于“页眉页脚”的描述，错误的是(　　)。

A. 在“页眉页脚”位置中可以插入页码

B. 在“页眉页脚”位置中显示的内容可以像文档内容编辑窗口一样进行格式设置

C. 在“页眉页脚”位置中不能插入图片

D. 可以对“页眉页脚”位置的内容添加边框和底纹

49. 在 Word 2010 文档中关于“分栏”的描述，错误的是(　　)。

A. 在一个页面中可以对不同内容设置不同的分栏

B. 在 Word 2010 文档中对于一个页面最多可以分成 3 栏

C. 对于两栏之间可以添加分隔线将内容分开

D. 用户可以自己控制分栏中每栏所占的宽度

50. 在 Word 2010 文档中关于“样式”的描述，错误的是(　　)。

A. 所谓“样式”，指的是被命名并保存的一组可以重复使用的格式

B. 使用“样式”可以快速将很多不同的内容设置为相同的格式

C. 使用“样式”可以一次性完成整篇文档相同格式内容的更改

D. 用户自己不能创建“样式”，只能使用 Word 2010 文档中包含的“样式”

51. 在 Word 2010 文档中关于“页码”的描述，正确的是(　　)。

A. 在 Word 2010 文档中插入的页码，起始页面都是从 1 开始

B. Word 2010 文档中的页码只能是阿拉伯数字

C. Word 2010 文档中的页码只能显示在页面的下方

D. 在 Word 2010 文档中可以任意控制每个页面是否显示页码

52. 在 Word 2010 文档中，打印预览工具按钮是(　　)，打印工具按钮是(　　)。

A. 　B. 　C. 　D. 

53. 打印第 3~5 页、第 10 页、第 12 页，表示的方式是(　　)。

A. 3-5，10，12　B. 3/5，10，12　C. 3-6、10、12　D. 2/5、10、12

三、简答题

1. 在 Word 2010 文档中命令的执行方式有哪些?

2. 创建 Word 2010 文档的方式有哪些? 各有什么特点?

3. 应该如何保存文档? 如果希望在操作过程中让 Word 2010 程序自动保存编辑修改后的结果，应该如何设置?

4. 在 Word 2010 文档中，为了便于文档编辑和阅读，文档的编辑区域提供了哪些视图方式? 各类视图分别具有什么特点?

5. 在 Word 2010 文档中，对于插入的图片可以更改哪些属性? 应该如何更改?

6. 在 Word 2010 文档中插入表格的方法有哪几种? 各有什么特点?

第4章

电子表格处理软件 Excel 2010

一、选择题

1. 在 Excel 中，给当前单元格输入数值型数据时，默认为(　　)。

A. 居中　　B. 左对齐　　C. 右对齐　　D. 随机

2. 在 Excel 工作表单元格中，输入下列表达式(　　)是错误的。

A. =(15-A(1)/3　　B. =A2/C1

C. SUM(A2: A4)/2　　D. =A2+A3+D4

3. 在 Excel 工作表中，不正确的单元格地址是(　　)。

A. C＄66　　B. ＄C66　　C. C6＄6　　D. ＄C＄66

4. Excel 工作表中可以进行智能填充时，鼠标的形状为(　　)。

A. 空心粗十字　　B. 向左上方箭头

C. 实心细十字　　D. 向右上方箭头

5. 在 Excel 工作簿中，有关移动和复制工作表的说法，正确的是(　　)。

A. 工作表只能在所在工作簿内移动，不能复制

B. 工作表只能在所在工作簿内复制，不能移动

C. 工作表可以移动到其他工作簿内，不能复制到其他工作簿内

D. 工作表可以移动到其他工作簿内，也可以复制到其他工作簿内

6. 在 Excel 工作表中，单元格区域 D2: E4 所包含的单元格个数是(　　)。

A. 5　　B. 6　　C. 7　　D. 8

7. 在 Excel 中，关于工作表及为其建立的嵌入式图表的说法，正确的是(　　)。

A. 删除工作表中的数据，图表中的数据系列不会删除

B. 增加工作表中的数据，图表中的数据系列不会增加

C. 修改工作表中的数据，图表中的数据系列不会修改

D. 以上三项均不正确

8. 若在数值单元格中出现一连串的“###”符号，希望正常显示则需要(　　)。

A. 重新输入数据　　B. 调整单元格的宽度

C. 删除这些符号　　D. 删除该单元格

9. 一个单元格内容的最大长度为(　　)个字符。

A. 64　　B. 128　　C. 225　　D. 256

10. 执行“插入”→“工作表”菜单命令时，每次可以插入(　　)个工作表。

A. 1　　B. 2　　C. 3　　D. 4

11. 为了区别“数字”与“数字字符串”数据，Excel 要求在输入项前添加(　　)符号来确认。

A. “　　B. ’　　C. #　　D. @

12. 自定义序列可以通过(　　)来建立。

A. 执行“格式”→“自动套用格式”菜单命令

B. 执行“数据”→“排序”菜单命令

C. 执行“工具”→“选项”菜单命令

D. 执行“编辑”→“填充”菜单命令

13. 准备在一个单元格内输入一个公式，应先输入(　　)先导符号。

A. $\$$　　B. >　　C. <　　D. =

14. 利用鼠标拖放移动数据时，若出现“是否替换目标单元格内容”的提示框，则说明(　　)。

A. 目标区域尚为空白

B. 不能用鼠标拖放进行数据移动

C. 目标区域已经有数据存在

D. 数据不能移动

15. 设置单元格中数据居中对齐方式的简便操作方法是(　　)。

A. 单击格式工具栏“跨列居中”按钮

B. 选定单元格区域，单击格式工具栏“跨列居中”按钮

C. 选定单元格区域，单击格式工具栏“居中”按钮

D. 单击格式工具栏“居中”按钮

二、填空题

1. 在 Excel 中，如果要在同一行或同一列的连续单元格使用相同的计算公式，可以先在第一单元格中输入公式，然后用鼠标拖动单元格的________来实现公式复制。

2. 在单元格中输入公式时，编辑栏上的“√”按钮表示________操作。

3. 在 Excel 操作中，某公式中引用了一组单元格，它们是(C3: D7，A1: F(1)，该公式引用的单元格总数为________。

4. 需要________而变化的情况下，必须引用绝对地址。

5. Excel 中有多个常用的简单函数，其中函数 AVERAGE(区域)的功能是________。

6. 设在 B1 单元格存储一公式为 A $ 5，将其复制到 D1 后，公式变为________。

7. Excel 工作表中，每个单元格都有其固定的地址，如“A5”表示________。

8. Excel 工作表是一个很大的表格，其左上角的单元是________。

9. Excel 的主要功能包括________。

10. 在 Excel 中，如果没有预先设定整个工作表的对齐方式，则数字自动以________方式存放。

三、实训练习

1. 建立员工薪水表

(1)建立工作簿文件“员工薪水表.xlsx”。

①启动 Excel 2010，在 Sheet1 工作表 A1 中输入表标题“华通科技公司员工薪水表”。

②输入表格中各字段的名称：“序号”“姓名”“部门”“分公司”“出生日期”“工作时数”“小时报酬”等。

③分别输入各条数据记录，保存为工作簿文件“员工薪水表.xlsx”，如题图 1 所示。

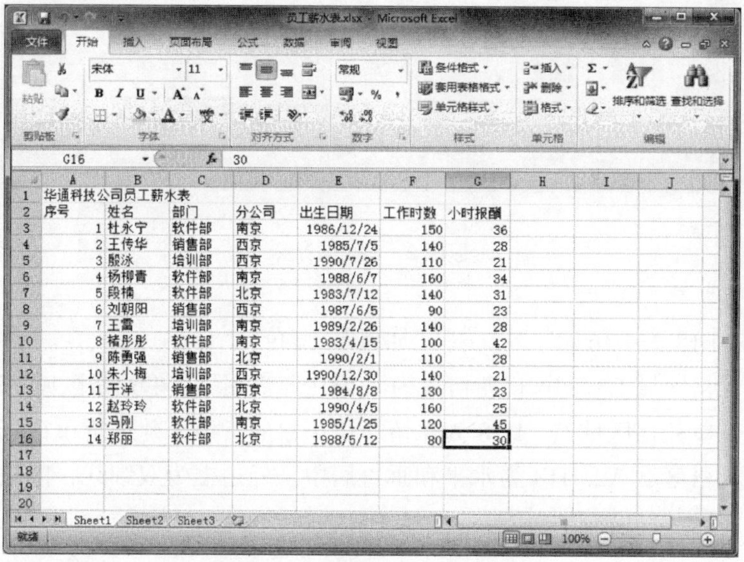

	A	B	C	D	E	F	G
1	华通科技公司员工薪水表						
2	序号	姓名	部门	分公司	出生日期	工作时数	小时报酬
3	1	杜永宁	软件部	南京	1986/12/24	150	36
4	2	王传华	销售部	西京	1985/7/5	140	28
5	3	殷泳	培训部	西京	1990/7/26	110	21
6	4	杨柳青	软件部	南京	1988/6/7	160	34
7	5	段楠	软件部	北京	1983/7/12	140	31
8	6	刘朝阳	销售部	西京	1987/6/5	90	23
9	7	王雷	培训部	南京	1989/2/26	140	28
10	8	褚彤彤	软件部	南京	1983/4/15	100	42
11	9	陈勇强	销售部	北京	1990/2/1	110	28
12	10	朱小梅	培训部	西京	1990/12/30	140	21
13	11	于洋	销售部	西京	1984/8/8	130	23
14	12	赵玲玲	软件部	北京	1990/4/5	160	25
15	13	冯刚	软件部	南京	1985/1/25	120	45
16	14	郑丽	软件部	北京	1988/5/12	80	30

题图 1　编制中的员工薪水表

(2)编辑与数据计算。

①在 H2 单元格内输入字段名“薪水”，在 A17 和 A18 单元格内分别输入数据“总数”“平均”。

②在单元格 H3 中利用公式“=F3 * G3”求出相应的值，然后利用复制填充功能在单元格区域 H4: H16 中分别求出各单元格相应的值。

③分别利用函数 SUM(　)在 F17 单元格内对单元格区域 F3: F16 求和，在 H17 单元格内对单元格区域 H3: H16 求和。

④分别利用函数 AVERAGE(　)在 F18 单元格内对单元格区域 F3: F16 求平均值在 G18 单元格内对单元格区域 G3: G16 求平均值，在 H18 单元格内对单元格区域 H3: H16 求平均值。效果如题图 2 所示。

(3)格式化表格。

①设置第 1 行行高为“26”，第 2、17、18 行行高为“16”，A 列列宽为“5”，D 列列宽为“6”，合并及居中单元格区域 A1: H1、A17: E17、A18: E18。

②设置单元格区域 A1: H1 为“隶书”“18 号”“加粗”“红色”，单元格区域 A2: H2、

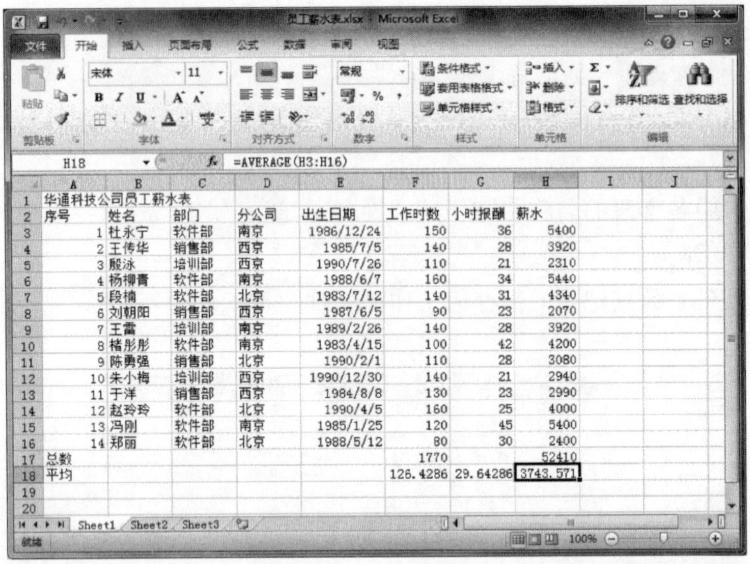

题图 2 编辑与计算

A17: E17、A18: E18 为“仿宋”“12 号”“加粗”“蓝色”。

③设置单元格区域 E3: E16 日期格式为“2001 年 3 月”，单元格区域 F3: F18 为保留 1 位小数的数值，单元格区域 G3: H18 为保留 2 位小数的货币，并加货币符号“ ¥”。

④设置单元格区域 A2: H18 为水平和垂直居中，外边框为双细线，内边框为单细线，效果如题图 3 所示。

题图 3 格式化员工薪水表

(4) 数据分析与统计。

①将 Sheet1 工作表重命名为“排序”，然后对单元格区域 A2: H16 以“分公司”为第一关键字段“降序”排序，并以“薪水”为第二关键字段“升序”排序，如题图 4 所示。

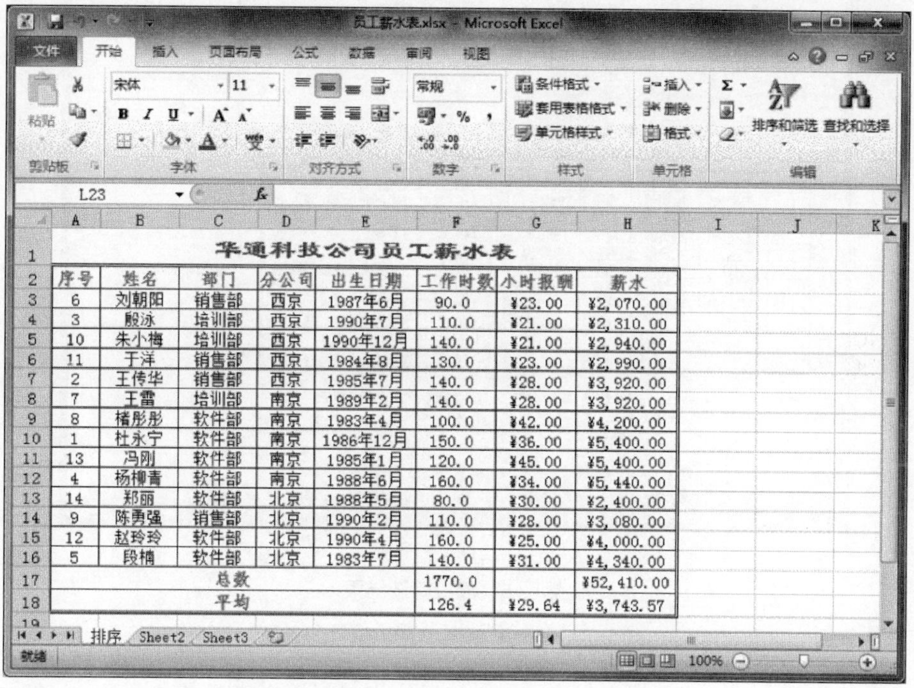

华通科技公司员工薪水表

序号	姓名	部门	分公司	出生日期	工作时数	小时报酬	薪水
6	刘朝阳	销售部	西京	1987年6月	90.0	¥23.00	¥2,070.00
3	殷泳	培训部	西京	1990年7月	110.0	¥21.00	¥2,310.00
10	朱小梅	培训部	西京	1990年12月	140.0	¥21.00	¥2,940.00
11	于洋	销售部	西京	1984年8月	130.0	¥23.00	¥2,990.00
2	王传华	销售部	西京	1985年7月	140.0	¥28.00	¥3,920.00
7	王雷	培训部	南京	1989年2月	140.0	¥28.00	¥3,920.00
8	楮彤彤	软件部	南京	1983年4月	100.0	¥42.00	¥4,200.00
1	杜永宁	软件部	南京	1986年12月	150.0	¥36.00	¥5,400.00
13	冯刚	软件部	南京	1985年1月	120.0	¥45.00	¥5,400.00
4	杨柳青	软件部	南京	1988年6月	160.0	¥34.00	¥5,440.00
14	郑丽	软件部	北京	1988年5月	80.0	¥30.00	¥2,400.00
9	陈勇强	销售部	北京	1990年2月	110.0	¥28.00	¥3,080.00
12	赵玲玲	软件部	北京	1990年4月	160.0	¥25.00	¥4,000.00
5	段楠	软件部	北京	1983年7月	140.0	¥31.00	¥4,340.00
总数					1770.0		¥52,410.00
平均					126.4	¥29.64	¥3,743.57

题图 4 排序结果

②建立“排序”工作表的副本“排序(2)”，并插入到 Sheet2 工作表前，重命名为“高级筛选”。

③选取“高级筛选”工作表为活动工作表，以条件：“工作时数>=120 的软件部职员”或者“薪水>=2500 的西京分公司职员”对单元格区域 A2: H16 进行高级筛选，并在原有区域显示筛选结果，如题图 5 所示。

④建立“排序”工作表的副本“排序(2)”，并插入到 Sheet2 工作表之前，重命名为“分类汇总”。

⑤选取“分类汇总”工作表为活动工作表，并删除第 17 行和第 18 行。

⑥将“分类字段”设为“分公司”，“汇总方式”设为“平均值”，选定“工作时数”“小时报酬”和“薪水”为“汇总项”，对数据清单进行分类汇总，如题图 6 所示。

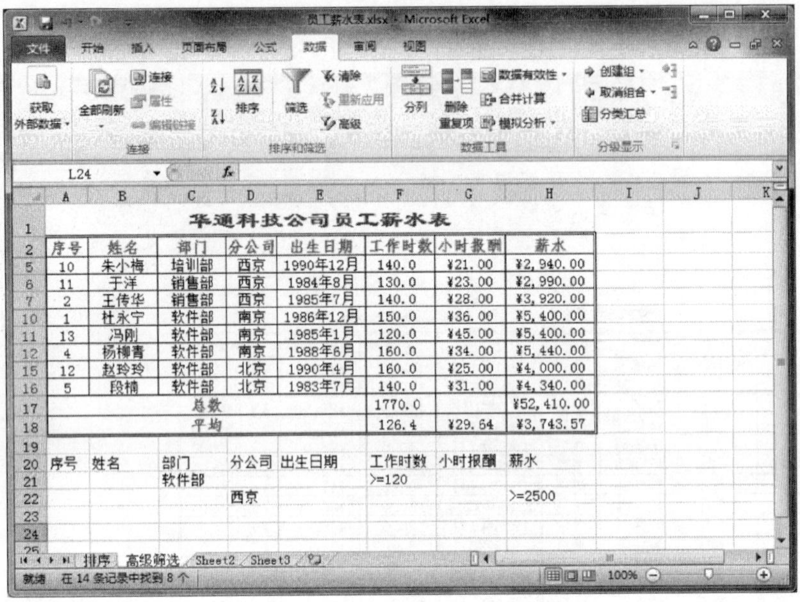

题图 5 高级筛选结果

题图 6 汇总结果

2. 建立学生成绩表

(1)输入数据，如题表1所示。

题表1 学生成绩表

学号	姓名	性别	语文	数学	英语	平均分
107	张三	男	83	90	80	
109	李四	男	76	88	76	
111	王五	男	86	79	90	
113	赵柳	女	79	84	91	
128	林坚	男	90	82	80	
134	黄玉莹	女	92	86	93	

(2)按性别进行分类汇总，统计不同性别学生的语文、数学、英语平均分。

(3)按数学成绩从低分到高分排序。

(4)利用 Excel 的筛选功能，筛选出所有语文成绩 >80，数学成绩 ≥ 80 的姓陈的学生。

(5)为表格 A1: G7 区域加上内、外边框线。

(6)将表格中所有数据水平居中显示，并统计各人平均分。

第 5 章

演示文稿制作软件 PowerPoint 2010

一、单项选择题

1. 在 PowerPoint 中，下列(　　)说法是错误的。

A. 要向幻灯片中添加文字，就必须从幻灯片母版视图切换到幻灯片普通视图

B. 在幻灯片母版中设置的标题和文本格式，不会影响到其他幻灯片

C. 幻灯片母版主要强调的是文本的格式

D. 幻灯片主要强调的是幻灯片的内容

2. 单击状态栏右侧的“放大”按钮，可以调整幻灯片的(　　)。

A. 放映比例　　B. 实际大小　　C. 显示比例　　D. 长宽比例

3. 在 PowerPoint 中，“打开”演示文稿的快捷键是(　　)。

A. 【Ctrl】+【H】　　B. 【Ctrl】+【O】

C. 【Ctrl】+【S】　　D. 【Ctrl】+【N】

4. 在有 100 张幻灯片的演示文稿中，如果想让同一张图片出现在所有幻灯片中，且图片的大小、放置的位置一致，最简单的一种方法是(　　)。

A. 把这张图片复制到幻灯片母版中，调整好幻灯片的大小和位置，操作一次即可

B. 把这张图片复制到每张幻灯片中，这需要多达 100 次的复制操作

C. 在幻灯片浏览视图下，按【Ctrl】+【A】键选定全部幻灯片，然后进行复制操作，操作一次即可

D. 没有办法实现

5. 如果想对幻灯片中的某段文字或某个图片添加动画效果，可以使用“动画”选项卡下“高级动画”组中的(　　)按钮。

A. 添加动画　　B. 自定义动画　　C. 动画窗格　　D. 动作

6. 在幻灯片浏览视图下，下列(　　)说法是错误的。

A. 单击某个幻灯片，将其选定之后拖动到其他幻灯片之后，可实现幻灯片的移动

B. 按住【Ctrl】键，多次单击多个不连续的幻灯片，可实现不连续幻灯片的选定

C. 若想选定连续多个幻灯片，可以先单击第一张幻灯片，然后按下【Shift】键，再单击最后一张幻灯片

D. 不能用【Ctrl】+【A】组合键选定所有幻灯片

7. 在 PowerPoint 中，不可以在“字体”对话框中进行的设置是(　　)。

A. 文字颜色　　B. 文字对齐方式

C. 文字大小　　D. 文字字体

8. 在 PowerPoint 中，不可以在“设置背景格式”对话框中对幻灯片进行(　　)填充。

A. 纯色　　B. 渐变　　C. 纹理填充　　D. 序列

9. 在 PowerPoint 的幻灯片母版中，不可以进行(　　)操作

A. 设置标题和文本的样式　　B. 设置自定义动画

C. 设置超链接　　D. 设置幻灯片版式

10. 添加到幻灯片中的各个对象，按添加的先后顺序自动层叠在各自的层次中，有时上层对象会遮盖住下层对象的一部分，如果层叠中的某个对象被完全遮挡，可以按(　　)键向后循环显示，直到该对象呈现选定状态。

A.【Shift】+【Tab】　　B.【Shift】+【End】

C.【Shift】+【PgDn】　　D.【Shift】+【Home】

11. 在 PowerPoint 普通视图下的大纲窗格中，有“大纲”和“幻灯片”两个选项卡，关于“大纲”选项卡下的显示模式，下列(　　)说法是错误的。

A. 只由每张幻灯片的标题和正文组成

B. 是组织和创建演示文稿文本内容的理想方式

C. 不可更改每张幻灯片的标题和正文

D. 幻灯片的标题都出现在编号和图标的右边，正文则在标题的下方

12. 在幻灯片中加入表格，可以使用“插入”选项卡下的(　　)组。

A. 图像　　B. 插图　　C. 表格　　D. 文本

13. 下列关于 PowerPoint 的几种说法中，(　　)是错误的。

A. 看到图标名的文件，就知道它是一个用 PowerPoint 编辑的演示文稿

B. 双击扩展名为 ppsx 的文件，可以启动 PowerPoint 并直接放映幻灯片

C. 对幻灯片中的对象可以设置进入、强调、退出、动作路径的动画效果

D. 在幻灯片中可以加入文字、声音、视频、动画等多种媒体信息

14. 在大纲窗格的“大纲”选项卡下，按(　　)键可以展开所有幻灯片标题下的文本。

A.【Alt】+【Shift】+【↑】　　B.【Alt】+【Shift】+【L】

C.【Alt】+【Shift】+减号　　D.【Alt】+【Shift】+【A】

15. 在大纲窗格的“大纲”选项卡下，按(　　)键可以折叠所有幻灯片标题下的文本。

A.【Alt】+【Shift】+【↑】　　B.【Alt】+【Shift】+【L】

C.【Alt】+【Shift】+减号　　D.【Alt】+【Shift】+【A】

16. “幻灯片放映时，让放映者可以根据需要选择放映顺序”，设计这样功能的演示文稿可以用(　　)实现。

A. 设置“幻灯片切换”的效果　　B. 设置“超链接”的功能

C. 隐藏幻灯片　　　　　　　　　D. 设置“自定义动画”的效果

17. 使用(　　)将播放器和演示文稿收集到同一文件夹内，在另一台计算机上放映演示文稿时，无须安装 PowerPoint，只需解包，即可放映。

A. 打包　　　　B. 内容提示　　　　C. 邮件合并　　　　D. 模板

18. PowerPoint 中，(　　)不是文本框内的文本对齐方式。

A. 左对齐　　　　B. 居中对齐　　　　C. 右对齐　　　　D. 水平对齐

19. PowerPoint 是一种(　　)软件。

A. 文字处理　　　　B. 数据库　　　　C. 电子表格　　　　D. 演示文稿制作

20. PowerPoint 为方便用户进行操作提供了几种视图，分别是普通视网、幻灯片浏览视图，阅读视图和(　　)。

A. 幻灯片放映视图　　B. 图片视图　　　　C. 文字视图　　　　D. 一般视图

21. 下列操作中，(　　)不是退出 PowerPoint 的操作。

A. 选择“文件”选项→“退出”命令

B. 单击 PowerPoint 应用程序窗口的“关闭”按钮

C. 选择“文件”选项卡→“关闭”命令

D. 双击 PowerPoint 应用程序窗口左上角的控制菜单图标

22. PowerPoint 演示文稿的扩展名默认为(　　)。

A. . docx　　　　B. . xlsx　　　　C. . pptx　　　　D. . ppsx

23. 下面关于 PowerPoint 动画的说法中不正确的是(　　)。

A. 幻灯片中的动画顺序是按添加顺序确定的，设置了动画后，顺序就不能改变了

B. 对已设置的动画效果，可以使用动画窗格中的 ▲ 和 ▼ 按钮调整动画顺序

C. 在动画窗格中，选定某个动画效果，上下拖动，可以调整动画顺序

D. 对设置了动画效果的两个文本框进行组合后，动画效果消失

24. 在一个演示文稿中选定一张幻灯片，按下【Delete】键，则(　　)。

A. 这张幻灯片被删除，且不能恢复

B. 这张幻灯片被删除，但能恢复

C. 这张幻灯片被删除，但可以利用“回收站”恢复

D. 这张幻灯片被移到回收站内

25. 下列关于复制幻灯片的叙述，错误的是(　　)。

A. 选择“剪贴板”组“复制”和“粘贴”命令可复制幻灯片

B. 按【Ctrl】+【M】键，在所选幻灯片之后插入一张新的幻灯片

C. 按住【Ctrl】键拖动幻灯片可将幻灯片副本拖至需要的位置

D. 选择“开始”选项→“幻灯片”组→“新建幻灯片”下拉按钮→“重用幻灯片”，不能复制其他文稿中的幻灯片

26. 下列有关幻灯片的叙述错误的是(　　)。

A. 幻灯片是演示文稿的基本组成单元

B. 可以在幻灯片中插入图片、文字和视频

C. 可以在幻灯片中设置各种超链接

D. 可以在幻灯片中设置动画效果，但不能在幻灯片中插入声音

27. 在 PowerPoint 中打开了一个名为“zrl. pptx”的文件，并对当前文件以“zr2. pptx”为文件名进行“另存为”操作，则(　　)。

A. 当前文件是 zrl. pptx　　B. 当前文件是 zr2. pptx

C. 当前文件是 zrl. pptx 和 zr2. pptx　　D. zrl. ppxt 和 zr2. pptx 均被关闭

28. 下列(　　)不属于 PowerPoint 的视图。

A. 大纲视图　　B. 普通视图

C. 幻灯片浏览视图　　D. 幻灯片放映视图

29. 通过打开演示文稿窗口上的标尺可设置文本或段落的缩进，打开标尺的正确操作是：在“普通视图”下(　　)。

A. “插入”选项卡→“显示”组→“标尺”

B. “视图”选项卡→“显示比例”组→“标尺”

C. “插入”选项卡→“显示比例”组→“标尺”

D. “视图”选项卡→“显示”组→“标尺”

30. PowerPoint 中的幻灯片母版是(　　)。

A. 用户定义的第一张幻灯片，以供其他幻灯片调用

B. 统一文稿各种格式的特殊幻灯片

C. 用户自行设计的幻灯片模板

D. 幻灯片模板的总称

31. 为了使每张幻灯片中出现完全相同的对象(如图片、文字、动画)，应该(　　)。

A. 在幻灯片浏览视图中修改　　B. 修改幻灯片母版

C. 在幻灯片放映视图中修改　　D. 在普通视图中修改

32. PowerPoint 在不同的编辑位置，提供预设的编辑对象，这些对象用虚线方框标识，并且方框内有提示性文字，这些方框被称为(　　)。

A. 文本框　　B. 图形　　C. 占位符　　D. 单元格

33. 修改幻灯片的尺寸，可执行(　　)命令。

A. “文件”选项卡→“打印”→“页面设置”

B. “视图”选项卡→“母版视图”组→“幻灯片母版”

C. “视图”选项卡→“显示比例”组

D. “设计”选项卡→“页面设置”组→“页面设置”

34. 设计制作幻灯片母版的命令位于“视图”选项卡下(　　)组中。

A. 幻灯片放映　　B. 母版视图　　C. 视图　　D. 演示文稿视图

35. 在 PowerPoint 窗口中，如果同时打开两个 PowerPoint 演示文稿，会出现(　　)的情况。

A. 同时打开两个文稿

B. 打开第一个时，第二个被关闭

C. 当打开第一个时，第二个无法打开

D. 执行非法操作，PowerPoint 将被关闭

36. 在 PowerPoint 中新建演示文稿，并已应用了“Office 主题”设计模板，当在演示文稿中插入一张新幻灯片时，新幻灯片的模板将(　　)。

A. 采用默认型设计模板

B. 采用已选择的“Ofiice 主题”设计模板

C. 随机选择任意一个设计模板

D. 用户指定另外设计模板

37. (　　)不是 PowerPoint 所提供的母版。

A. 讲义母版　　B. 备注母版　　C. 幻灯片母版　　D. 大纲母版

38. 若要使某一张幻灯片与其母版不同(　　)。

A. 是不可能的　　B. 可设置该幻灯片不使用母版

C. 可直接修改该幻灯片　　D. 可重新设置母版

39. 要在每张幻灯片上添加一个页码，应该在(　　)中进行操作。

A. “页眉和页脚”对话框　　B. 幻灯片母版的页脚区

C. 幻灯片母版的日期区　　D. 幻灯片母版的数字区

40. 下列关于 PowerPoint 模板的叙述中，(　　)是错误的。

A. 将某种设计模板应用到演示文稿中，模板的母版和配色方案直接取代原演示文稿的母版和配色方案

B. 模板是包含了特定配色方案以及各种预定义格式的演示文稿模式

C. 在演示文稿中应用了一种设计模板后，其配色方案不能修改

D. 在演示文稿中可以应用多种设计模板，这些被应用的设计模板可以在幻灯片母版中看到

41. 在 PowerPoint 的某张幻灯片上，依次插入三个对象(矩形、椭圆、笑脸)，叠放次序如下图左图所示，下列(　　)操作可以调整为如下图右图所示的叠放次序。

叠放次序示例

A. 选定矩形，右击，在快捷菜单中选择“置于底层”→“置于底层”

B. 选定矩形，右击，在快捷菜单中选择“置于顶层”→“置于顶层”

C. 选定笑脸，右击，在快捷菜单中选择“置于底层”→“下移一层”

D. 选定笑脸，右击，在快捷菜单中选择“置于底层”→“置于顶层”

42. 制作 PowerPoint 演示文稿时，有时根据需要不改变幻灯片制作过程的排列顺序，又想调整放映顺序，可以在(　　)对话框中进行设置。

A. 自定义动画　　B. 排练计时　　C. 自定义放映　　D. 设置放映方式

43. 在 PowerPoint 的“设置放映方式”对话框中，选择(　　)放映类型，演示文稿将以窗口形式放映。

A. 观众自行浏览　　B. 演讲者放映　　C. 在展台浏览　　D. 自定义放映

44. 在 PowerPoint 中，选择“设计”选项卡→“主题”组→“颜色”下拉按钮，选择所需的主题颜色(　　)。

A. 只能应用于幻灯片背景

B. 既能应用于所选定的幻灯片，也能应用于所有幻灯片

C. 只能应用于当前幻灯片

D. 只能应用于所有幻灯片

45. 当在交易会进行广告片的放映时，应该选择(　　)放映类型。

A. 演讲者放映　　B. 观众自行浏览

C. 在展台浏览　　D. 需要时单击某键

46. 在 PowerPoint 中打开一个演示文稿，对文稿作了修改，并进行“关闭”操作以后，(　　)。

A. 文稿被关闭，并自动保存修改后的内容

B. 文稿不能关闭，并提示出错

C. 文稿被关闭，修改后的内容不能保存

D. 弹出对话框，并询问是否保存对文稿的修改

47. 在 PowerPoint 中提供了待用模板文件，其扩展名是(　　)。

A. . pps　　B. . pwz　　C. . pptx　　D. . potx

48. 在 PowerPoint 中，关于自定义动画的说法下列(　　)是错误的。

A. 对已设置了动画效果的对象进行复制操作后，动画效果跟随对象一并被复制了

B. 已设置的动画效果，可以更改，也可以删除

C. 一个对象只可以设置一种动画效果

D. 同一幻灯片中的多个动画效果可以调整出场顺序

49. PowerPoint 可以保存为多种文件格式，下列(　　)文件格式不属于此类。

A. pptx　　B. ppt　　C. psd　　D. bmp

50. 在幻灯片放映过程中，如果要从第二张幻灯片跳转到第八张幻灯片，应使用(　　)。

A. 超链接　　B. 自定义动画　　C. 幻灯片切换　　D. 换片方式

51. 在 PowerPoint 幻灯片中插入的影片，不能设置(　　)。

A. 调整显示位置和大小　　B. 循环播放

C. 自动播放　　D. 删除背景

52. 在 PowerPoint 中要将多处同样的错误一次性更正，正确的方法是(　　)。

A. 只能逐字阅读查找，先删除错误文字再输入正确文字

B. 使用“替换”命令

C. 使用“撤销”与“恢复”命令

D. 使用“定位”命令

53. 在幻灯片中插入“表格”，不正确的操作是(　　)。

A. 选择“插入”选项卡→“表格”组→“表格”下拉按钮→拖动表格网格

B. 选择“插入”选项卡→“文本”组→“对象”→Microsoft Excel 工作表

C. 选择“插入”选项卡→“表格”组→“表格”下拉按钮→“插入表格”

D. 选择具有“表格”占位符的版式，单击该占位符

54. 当在幻灯片中插入声音后，幻灯片中会出现(　　)。

A. 喇叭标记　　B. 链接按钮　　C. 链接说明　　D. 段文字说明

55. 在 PowerPoint 中，若想设置幻灯片放映时的换页效果为“垂直百叶窗”，则应该选择(　　)选项卡→“切换到此幻灯片”组→切换效果库中的“百叶窗”。

A. 设计　　B. 切换　　C. 动画　　D. 开始

56. 幻灯片的主题颜色可以通过(　　)更改。

A. 背景　　B. 母版　　C. 格式　　D. 版式

57. 要使所制作的背景对所有幻灯片生效，应在“设置背景格式”对话框中选择(　　)。

A. 应用　　B. 取消　　C. 全部应用　　D. 预览

58. 下列关于演示文稿中幻灯片的叙述不正确的是(　　)。

A. 一旦幻灯片选定了一种设计模板，就不可以改变该模板

B. 不同幻灯片的设计模板可以不同

C. 一张幻灯片只允许使用一种模板格式

D. 不同幻灯片的主题颜色可以不同

59. 修改项目符号的颜色或大小，可以通过(　　)对话框来实现。

A. 定义新项目符号　　B. 定义新编号格式

C. 项目符号和编号　　D. 编号

60. 在“切换”选项卡下，允许设置幻灯片切换时的(　　)效果。

A. 视觉　　B. 听觉　　C. 定时　　D. 以上均可

61. 在幻灯片放映过程中，要演示下一张幻灯片，不可进行的操作是(　　)。

A. 按【Backspace】键　　B. 单击鼠标左键

C. 按空格键　　D. 按【Enter】键

62. 在 PowerPoint 中不小心出现了错误操作，可以即刻通过(　　)命令恢复。

A. 打开　　B. 撤销　　C. 保存　　D. 关闭

63. 在 PowerPoint 幻灯片的“动作设置”对话框中设置的超链接对象不允许是(　　)。

A. 下一张幻灯片　　B. 一个应用程序

C. 其他演示文稿　　D. 幻灯片内取某个对象

64. 在 PowerPoint 中，要修改设置超链接的文字颜色，应通过(　　)进行操作。

A. “新建主题颜色”对话框　　B. “字体”对话框

C. “字体”组中的“字体颜色”按钮　　D. 母版版式

65. 幻灯片的换片方式有自动换片和手动换片，下列叙述中正确的是(　　)。

A. 只允许在“单击鼠标时”和“设置自动换片时间”两种换片方式中选择一种

B. 在“单击鼠标时”和“设置自动换片时间”两种换片方式中至少选择一个

C. 可以同时选择“单击鼠标时”和“设置自动换片时间”两种换片方式

D. 同时选择“单击鼠标时”和“设置自动换片时间”两种换片方式，但“单击鼠标时”方式不起作用

66. 在 PowerPoint 中，可对母版进行编辑和修改的状态是(　　)。

A. 普通视图　　B. 备注页视图　　C. 母版视图　　D. 幻灯片浏览视图

67. 在幻灯片放映过程中，要回到上一张幻灯片，不可进行的操作是(　　)。

A. 按【PageUp】键　　B. 按【P】键

C. 按【Backspace】键　　D. 按空格键

68. 要终止幻灯片放映，可使用(　　)键。

A. 【Ctrl】+【C】　　B. 【Ctrl】+【PageDown】

C. 【Shift】+【End】　　D. 【Esc】

69. 关于演示文稿的“打包”，以下解释错误的是(　　)。

A. 演示文稿的打包是复制演示文稿

B. 演示文稿打包后，可以在没有安装 PowerPoint 软件的计算机上放映

C. 打包时可将与演示文稿相关的文件一起打包

D. 演示文稿的打包，是将演示文稿及其相关文件压缩，使用时还需解包

70. 如果放映方式设置为“在展台浏览”，则切换幻灯片的方法应该是(　　)。

A. 设置自动换片时间　　B. 单击鼠标左键

C. 按空格键　　D. 双击鼠标左键

71. PowerPoint 文件可以被保存为 pptx 或 ppsx 格式，下列关于这两种格式的说法(　　)是正确的。

A. pptx 格式是经过编译的格式，可直接在 Windows 环境中运行

B. ppsx 格式是经过编译的格式，可直接在 Windows 环境中运行

C. ppsx 格式可不进入 PowerPoint 编辑环境直接放映，但需在计算机中安装 PowerPoint 软件

D. pptx 格式可不进入 PowerPoint 编辑环境直接放映，但需在计算机中安装 PowerPoint 软件

72. 在幻灯片放映时，如果使用画笔，下列(　　)说法是错误的。

A. 可以在画面上随意涂画

B. 可以随时更换画笔的颜色

C. 在幻灯片上所画的记号在退出幻灯片时都不能保留

D. 在当前幻灯片上所画的记号，当再次返回该页时仍然存在

73. 在 PowerPoint 中，必须通过“插入对象”对话框才能把(　　)加入演示文稿。

A. 表格　　B. 图表　　C. 文本框　　D. Excel 工作表

74. 在 PowerPoint 中，如果向幻灯片中插入一张图片，可以选择(　　)选项卡。

A. 图片　　B. 插入　　C. 视图　　D. 设计

75. 在 PowerPoint 中提供了多种“设计模板”，可以运用“设计模板”创建演示文稿，这些模板预设了(　　)。

A. 字体、花边和配色方案　　B. 格式和配色方案

C. 字体和配色方案　　D. 格式和花边

76. 如果要将幻灯片的方向改成纵向，通过(　　)命令实现。

A. “文件”选项号→“打印”→“页面设置”

B. “幻灯片放映”选项卡→“设置”组→“设置放映方式”

C. “设计”选项卡→“页面设置”组→“幻灯片方向”

D. “页面布局”选项卡→“页面设置”组→“纸张大小”

77. 下列关于幻灯片放映的叙述中，(　　)是错误的。

A. 幻灯片放映可以从头开始　　B. 每次幻灯片放映都是系统随机放映的

C. 可以有选择地自定义放映　　D. 幻灯片放映可以从当前幻灯片开始

78. PowerPoint 不提供(　　)的打印。

A. 幻灯片　　B. 备注页　　C. 讲义　　D. 幻灯片母版

79. 在 PowerPoint 中，使用快捷键(　　)可以插入一张幻灯片。

A. 【Ctrl】+【P】　　B. 【Ctrl】+【N】

C. 【Ctrl】+【M】　　D. 【Ctrl】+【C】

80. 下列(　　)状态下，不能对幻灯片内的各个对象进行编辑，但可以对幻灯片进行移动、删除、添加、复制、设置切换效果。

A. 普通视图　　B. 幻灯片浏览视图

C. 幻灯片母版　　D. 以上都可以

81. 在 PowerPoint 的大纲窗格中，不可以(　　)。

A. 插入幻灯片　　B. 添加图片　　C. 移动幻灯片　　D. 删除幻灯片

82. 要想在演示文稿中插入新幻灯片，下列(　　)操作是正确的。

A. 单击“快速访问工具栏”中的“新建”按钮

B. 选择“插入”选项卡→“幻灯片”组→“新建幻灯片”

C. 按快捷键【Ctrl】+【N】

D. 选择“开始”选项卡→“幻灯片”组→“新建幻灯片”

83. 在 PowerPoint 2010 中，允许在(　　)视图下新建及删除自定义版式。

A. 幻灯片浏览　　B. 幻灯片放映　　C. 普通　　D. 幻灯片母版

84. 在幻灯片浏览视图下，进行幻灯片的复制和粘贴操作，其结果是(　　)。

A. 将复制的幻灯片粘贴到所有幻灯片的前面

B. 将复制的幻灯片粘贴到所有幻灯片的后面

C. 将复制的幻灯片粘贴到当前选定的幻灯片之前

D. 将复制的幻灯片粘贴到当前选定的幻灯片之后

85. 在 PowerPoint 中，利用“插入”选项卡下的(　　)组，可以插入艺术字。

A. 图像　　B. 插图　　C. 文本　　D. 对象

86. 进入 PowerPoint 以后，打开一个已有的演示文稿“www. pptx”，单击“快速访问工具栏”上的“新建”按钮，则(　　)。

A. “www. pptx”被关闭

B. “www. pptx”和新建文稿均处于打开状态

C. “新建”操作失败

D. 新建的演示文稿打开，但“www. pptx”被强行关闭

87. 在 PowerPoint 中，下列关于视频的说法中(　　)是正确的。

A. 对插入到幻灯片中的视频，不能设置动画效果

B. 对插入到幻灯片中的视频，可以设置超链接

C. 在幻灯片中播放的视频文件，只能在播放完毕后才能停止

D. 可以设置插入到幻灯片中的视频文件在幻灯片放映过程中“自动”播放，也可以设置为“单击时”播放

88. 下列对于演示文稿的描述正确的是(　　)。

A. 演示文稿中所有幻灯片的版式必须相同

B. 使用模板可以为幻灯片设置统一的外观样式

C. 可以在一个窗口中同时打开多份演示文稿

D. 可以使用“文件”选项卡下的“新建”命令，为演示文稿添加幻灯片

89. 下列关于幻灯片放映的叙述，(　　)是不正确的。

A. 按【F5】键，从第一张幻灯片开始放映

B. 单击幻灯片放映视图按钮，可以从当前幻灯片开始放映

C. 幻灯片的放映只能从第一张开始，不可以从指定的某一张开始

D. 按快捷键【Shift】+【F5】，从当前幻灯片开始放映

90. 幻灯片中可以插入多个对象，多个对象可以组合成一个对象，下列关于组合的说法中，(　　)是错误的。

A. 组合之后，可以再取消组合

B. 图形、文本框、艺术字可以组合在一起

C. 文本框与其他对象组合之后，文本框内的文字仍然可以编辑

D. 图片与其他对象组合之后，图片的大小就固定不变了

二、多项选择题

1. 建立一个新的演示文稿，可以(　　)。

A. 选择“文件”选项卡→“新建”命令

B. 单击“快速访问工具栏”中的“新建”按钮

C. 按快捷键【Ctrl】+【N】

D. 选择“插入”选项卡→“幻灯片”→“新建幻灯片”

2. 退出 PowerPoint 时，下列方法中正确的有(　　)。

A. 双击 PowerPoint 标题栏左端的控制菜单图标

B. 按【Ctrl】+【Esc】键进行退出操作

C. 单击 PowerPoint 标题栏右端的“关闭”按钮

D. 当 PowerPoint 为当前活动窗口时，按【Alt】+【F4】键

E. 当 PowerPoint 为当前活动窗口时，按【Crtl】+【F4】键

3. 在 PowerPoint 中，可以向幻灯片中插入(　　)。

A. 影片　　B. 声音　　C. 动画　　D. Excel 工作表

E. 图片　　F. 图形

4. 在 PowerPoint 中，(　　)操作可以启动帮助系统。

A. 选择“文件”选项卡→“帮助”

B. 按【F1】键

C. 右击对象，并从快捷菜单中选择“帮助”项

D. 单击功能区右上角的“帮助”按钮

E. 按快捷键【Ctrl】+【F1】

5. 在 PowerPoint 中，(　　)可以选择“设计”选项卡来进行设置。

A. 幻灯片背景　　B. 幻灯片版式

C. 幻灯片应用设计主题　　D. 页面设置

E. 自定义动画　　F. 幻灯片方向

6. 在 PowerPoint 中，为幻灯片中的对象设置动画效果的方法有(　　)。

A. 选择“动画”选项卡下的动画库

B. 选择“动画”选项卡→“动画”组→“自定义动画”命令

C. 选择“动画”选项卡→“高级动画”组→“添加动画”命令

D. 选择“插入”选项卡→“插图”组→“形状”下拉按钮→“动作”按钮

7. 在 PowerPoint 中，要在幻灯片非占位符的空白处增加一段文本，其操作方法有(　　)。

A. 选择“插入”选项卡→“插图”组→“形状”下拉按钮→“文本框”命令

B. 选择“插入”选项卡→“插图”组→“形状”下拉按钮→“垂直文本框”命令

C. 直接输入

D. 选择“插入”选项卡→“文本”组→“文本框”命令

E. 先单击目标位置，再输入文本

8. 在 PowerPoint 中，复制当前幻灯片到相邻位置，其方法有(　　)。

A. 选定幻灯片，单击“剪贴板”组中的“复制”，再单击“剪贴板”组中的“粘贴”

B. 右击，在快捷菜单中选择“复制幻灯片”

C. 选定幻灯片，按【Ctrl】+【C】键，再按【Ctrl】+【V】键

D. 在“幻灯片浏览视图”下，选定幻灯片，按【Ctrl】+【X】键，再按【Ctrl】+【V】键

E. 在“幻灯片浏览视图”下，按住【Ctrl】键，拖动当前幻灯片，直到当前幻灯片旁出现一条竖线，释放鼠标左键

9. 在PowerPoint中，演示文稿的放映类型有(　　)。

A. 在展台浏览(全屏幕)　　B. 演讲者放映(全屏幕)

C. 观众自行浏览(窗口)　　D. 循环放映(窗口)

10. 在PowerPoint窗口中，“开始”选项卡下有(　　)组。

A. 字体　　B. 段落　　C. 幻灯片　　D. 剪贴板

11. 在PowerPoint大纲窗格中的“大纲”选项卡下，下列叙述正确的是(　　)。

A. 单击幻灯片图标，能使该幻灯片展开或折叠

B. 双击幻灯片图标，能使该幻灯片展开或折叠

C. 选定幻灯片中的某级文本，按【Shift】+【Tab】键，可实现升级

D. 选定幻灯片，按【Tab】键，可实现降级

12. 在PowerPoint中，母版视图有(　　)。

A. 幻灯片母版　　B. 备注母版　　C. 讲义母版　　D. 标题母版

13. 要改变幻灯片在窗口中的显示比例，应(　　)。

A. 右击幻灯片，选择“显示比例”

B. 拖动状态栏右侧的“显示比例”滑块

C. 单击状态栏右侧的“放大”按钮或“缩小”按钮

D. 选择“视图”选项卡→“显示比例”组→“显示比例”

14. (　　)方法可以启动PowerPoint。

A. 选择“开始”→“所有程序”→“Microsoft Office”→“Microsoft PowerPoint 2010”命令

B. 单击桌面上的PowerPoint快捷方式图标

C. 双击桌面上的PowerPoint快捷方式图标

D. 双击任意一个PowerPoint演示文稿

15. 在PowerPoint幻灯片浏览视图下，移动幻灯片的方法有(　　)。

A. 按【Shift】键拖动幻灯片到目标位置

B. 选定幻灯片，单击“剪切”按钮，定位目标位置，再单击“粘贴”按钮

C. 按住【Ctrl】键，拖动幻灯片到目标位置

D. 拖动幻灯片到目标位置

三、判断题

1. 普通视图的左窗格是“大纲窗格”。(　　)

2. 幻灯片中不能设置页眉和页脚。(　　)

3. 幻灯片中各个对象的大小和位置关系可以自定义。(　　)

4. 设置幻灯片内各对象的动画时，对象出场或退场的声音只能从系统提供的各种声音效果中选择。(　　)

5. 一张幻灯片中包含多个演示文稿。(　　)

6. 在大纲窗格下，右击幻灯片→“删除幻灯片”命令，可以删除这张幻灯片。（ ）

7. 应用设计模板选定以后，每张幻灯片的背景都相同，系统不具备改变其中某一张幻灯片背景的功能。（ ）

8. 在幻灯片浏览视图下，可以改变幻灯片之间的切换效果。（ ）

9. 演示文稿能在显示器屏幕上放映幻灯片，但无法输出到打印机。（ ）

10. 通过绘图工具“格式”选项卡→“排列”组→“旋转”列表，可以对选定的图形进行旋转。（ ）

11. 幻灯片中的组织结构图不能设置动画。（ ）

12. 在 PowerPoint 中，将演示文稿存盘时，保存后的文件默认扩展名为.ppsx。（ ）

13. 当对演示文稿进行了排练计时后，放映时将按照排练时间自动放映，而无须人工干预。（ ）

14. 在对两张幻灯片设置超链接时，必须先定义动作按钮。（ ）

15. 幻灯片打包时可以连同播放器一起打包。（ ）

16. 双击窗口左上角的控制菜单图标，可以关闭演示文稿。（ ）

17. 幻灯片动画设置可以用动画样式或添加动画来实现。（ ）

18. 在“动画窗格”中可以改变动画出场的次序。（ ）

19. 幻灯片中的文本在插入以后就具有动画效果了。（ ）

20. 在制作幻灯片时，可以插入旁白。（ ）

21. PowerPoint 可以控制影片的出场次序。（ ）

22. 当演示文稿以自动放映方式放映时，按【Esc】键可以中止放映。（ ）

23. 在幻灯片浏览视图和普通视图下，都可以进行“幻灯片切换”和“添加动画”的设置。（ ）

24. 在 PowerPoint 中，不能向幻灯片中插入其他文件的内容。（ ）

25. 如果不进行设置，系统放映幻灯片时默认全部放映。（ ）

26. 在幻灯片母版中可以设置超链接，但不能设置动画效果。（ ）

27. 选择“视图”选项卡→“母版视图”组→“幻灯片母版”，可以打开幻灯片母版。（ ）

28. 打包后的 PowerPoint 演示文稿只能在本机上放映，换到其他计算机上就不能正常放映了。（ ）

29. 在 PowerPoint 中，不能插入特殊字符。（ ）

30. 播放动画时就不能播放声音。（ ）

第6章

数据库软件 Access 2010

一、填空题

1. 建立 Access 2010 数据库要创建一系列对象，其中最基本的对象是________。

2. Access 2010 数据库中的对象都是存放在一个以________为扩展名的文件中。

3. 表间建立关系以后，在对数据表操作时要使表格相互间受到约束，应建立________。

4. 一般来说，报表的组成包括________，________，________，________，________五部分。

5. 窗体或报表的数据来源可以是________或________。

6. 在表中设置主关键字只能在________视图中实现。

7. 输入掩码是给字段输入数据时设置的________。

8. 查询分为五种类型，分别是________、________、________、________、________。

9. Access 2010 数据库中的六种数据对象分别是表、查询、窗体、________、________、________。

10. 报表页眉的内容只能在报表的________打印输出。

二、单项选择题

1. 数据库是按一定的结构和规则组织起来的(　　)数据的集合。

A. 相关　　B. 无关　　C. 杂乱无章的　　D. 排列整齐的

2. 在数据库中，下列说法不正确的是(　　)。

A. 优良的数据库是不应该有数据冗余的

B. 任何数据库必定有数据冗余，但应该有最小的数据冗余度

C. 在数据库中，由于数据统一管理，因此可以减少数据的冗余度

D. 在数据库中，由于共享数据不必重复存储，因此可以减少数据的冗余度

3. Access 2010 数据库的(　　)功能可以实现 Access 2010 与其他应用软件(如 Excel 2010)之间的数据传输和交换。

A. 数据定义　　B. 数据操作　　C. 数据控制　　D. 数据通信

4. (　　)中所列不全包括在 Access 2010 可用的字段属性中。

A. 字段大小，字形，格式　　B. 输入掩码小数位数

C. 标题，默认值，索引　　D. 有效性规则，有效性文本

5. 若使打开的数据库文件能为网上其他的用户共享，但只能浏览数据不能修改，则选择打开数据库的方式为(　　)打开。

A. 直接　　B. 以只读方式　　C. 以独占方式　　D. 以独占只读方式

6. 在 Access 2010 数据库的六大对象中，用于存储数据的数据库对象是(　　)，用于和用户进行交互的数据库对象是(　　)。

A. 表　　B. 查询　　C. 窗体　　D. 报表

7. Access 2010 默认的数据库格式是(　　)。

A. mdb　　B. accdb　　C. accde　　D. mde

8. 假设已建立一个学生成绩表，若要查找“机试”和“笔试”成绩均在 85 分(包括 85 分)的学生的姓名、学院名称，可用设计视图创建一个选择查询，设置查询条件时应(　　)。

A. 在条件单元格输入：机试 > = 85 AND 笔试 > = 85

B. 在“机试”的条件单元格输入：> = 85；在“笔试”的条件单元格输入：> = 85

C. 在“机试”的条件单元格输入：机试 > = 85；在“笔试”的条件单元格输入：笔试 > = 85

D. 在条件单元格输入：机试成绩 > = 85 OR 笔试成绩 > = 85

9. 若要将总评字段值按“机试”和“笔试”成绩均在 85 分以上填写“优秀”，则可通过创建并运行一个(　　)实现。

A. 更新查询　　B. 追加查询　　C. 交叉查询　　D. 选择查询

10. 用二维表数据来表示实体之间联系的模型称为(　　)模型。

A. 层次　　B. 关系　　C. 网络　　D. 实体一联系

11. 不同的数据库管理系统支持不同的数据模型，三种常用的数据模型对应的则是(　　)数据库。

A. 层次数据库，环状数据库和关系数据库

B. 网络数据库，链状数据库和环状数据库

C. 关系数据库，网状数据库和层次数据库

D. 层次数据库，链状数据库和网络数据库

12. 只要在报表的最后一页底部输出信息是通过(　　)设置的。

A. 报表页眉　　B. 页面页脚　　C. 报表主体　　D. 报表页脚

13. 为方便大批量的数据打印，如打印准考证，应使用(　　)。

A. 纵栏式报表　　B. 表格式报表　　C. 图表报表　　D. 标签报表

14. 关系数据模型有以下特性：

(1)一个二维表中，所有的记录格式，记录长度。

(2)同一字段数据的性质是相同的，它们均为同一属性的值。

(3)行和列的排列顺序。

则下列选项正确的是(　　)。

A. 相同、相同、并不重要　　B. 相同、相同、不能变更

C. 不相同、不相同、并不重要　　　　　D. 不相同、不相同、不能变更

15. (　　)是计算机常用的数据管理系统软件。

A. DBMS　　　　B. Word　　　　C. Access　　　　D. WPS

16. 对数据表的数据进行修改，主要是在数据表的(　　)视图中进行的。

A. 数据表　　　　B. 数据透视表　　　　C. 设计　　　　D. 数据透视图

17. 下列查询中，不属于操作查询的是(　　)。

A. 交叉表查询　　　　B. 生成表查询　　　　C. 删除查询　　　　D. 追加查询

18. 如果想建立一个根据姓名查询个人信息的查询，那么建立的查询最好是(　　)。

A. 选择查询　　　　B. 交叉表查询　　　　C. 查找重复项查询　D. 参数查询

19. 在 Access 2010 中使用的对象有表、(　　)、报表、宏、模块。

A. 视图、标签　　　　B. 查询、窗体　　　　C. 查询、标签　　　　D. 视图、窗体

20. 打开数据表后，可以输入、修改记录的数据，修改后的数据(　　)。

A. 在光标离开被修改的记录后存入磁盘

B. 在修改过程中随时存入磁盘

C. 在光标离开被修改的字段后存入磁盘

D. 在退出被修改的表后存入磁盘

21. 如果用户想要批量更改数据表中的某个值，那么可以使用的查询是(　　)。

A. 追加查询　　　　B. 更新查询　　　　C. 选择查询　　　　D. 参数查询

22. 在窗体的视图中，能够预览显示结果，并且又能够对控件进行调整的视图是(　　)。

A. 设计视图　　　　B. 窗体视图　　　　C. 布局视图　　　　D. 数据表视图

23. 查询是在数据库的表中检索特定信息的一种手段，(　　)。

A. 查询的结果集，以二维表的形式显示出来

B. 查询的结果集，也是基本表

C. 同一个查询的查询结果集是固定不变的

D. 当 Access 2010 检索完与用户查询要求相匹配的记录以后，不能再对得到的信息进行排序或筛选

24. 表的一个记录对应二维表的(　　)。

A. 一个横行　　　　B. 一个纵列　　　　C. 若干行　　　　D. 若干列

25. 查询的数据源可以来自(　　)。

A. 表　　　　B. 查询　　　　C. 窗体　　　　D. 表和查询

26. 在描述实体间的联系中，1∶n 表示的是(　　)。

A. 一对一的联系　　　　　　　　　　B. 一对多的联系

C. 多对一的关系　　　　　　　　　　D. 多对多的联系

27. 在对报表每一页的底部都输出信息时，则需要设置的区域是(　　)。

A. 报表页眉　　　　B. 页面页脚　　　　C. 页面页眉　　　　D. 报表页脚

28. 在有关主键的描述中，错误的是(　　)。

A. 主键可以由多个字段组成　　B. 主键不能为空，创建后可以取消
C. 每个表都必须指定主键　　D. 主键的值对于每个记录必须是唯一的
29. 字段的有效性规则的作用是(　　)。
A. 不允许字段的值超出某个范围　　B. 不允许字段的值为空
C. 未输入数据前，系统自动提供数据　　D. 系统给出输入数据的提示信息
30. 建立 Access 2010 数据库的首要工作是(　　)。
A. 建立数据库的查询　　B. 建立数据库的基本表
C. 建立基本表之间的关系　　D. 建立数据库的报表
31. 在数据表视图下，表示当前操作行的标识符是(　　)。
A. 三角形　　B. 星形　　C. 铅笔形　　D. 方形
32. “按选定内容筛选”允许用户(　　)。
A. 查找所选的值
B. 输入作为筛选条件的值
C. 根据当前选中字段的内容，在数据表视图窗口中查看筛选结果
D. 以字母或数字顺序组织数据
33. 下列是关于数据库对象的删除操作的叙述，正确的是(　　)。
(1)打开的对象不能删除。
(2)不能直接删除与其他对象存在关系的对象。
A. (1)　　B. (2)
C. (1)和(2)都对　　D. (1)和(2)都不对
34. Access 2010 数据库由数据基本表、表与表之间的关系、查询、窗体、报表等对象构成，其中数据基本表是 (1)________；查询是 (2)________；报表是 (3)________。
(1):
A. 数据查询的工具　　B. 数据库之间交换信息的通道
C. 数据库的结构，由若干字段组成　　D. 一个二维表，它由一系列记录组成
(2):
A. 维护、更新数据库的主要工具
B. 由一系列记录组成的一个工作表
C. 了解用户需求，以便修改数据库结构的主要窗口
D. 在一个或多个数据表中检索指定的数据的手段
(3):
A. 按照需要的格式浏览、打印数据库中的数据的工具
B. 数据库的一个副本
C. 数据基本表的硬复制
D. 实现查询的主要方法
35. 更新数据的工作还可以在其他数据库对象中进行，其中不具备更新数据库数据的功能的对象是(　　)。

A. 宏　　B. 查询　　C. 报表　　D. 窗体

36. 关于排序的叙述中，错误的是(　　)。

A. 排序指的是按照某种标准对工作表的记录顺序排列

B. 没有指定主键就不能排序

C. 可以对窗体的记录进行排序

D. 可以对多个字段进行排序

37. 输入数据时，如果希望输入的格式标准保持一致或希望检查输入时的错误，可以(　　)。

A. 控制字段的大小　　B. 设置默认值

C. 定义有效性规则　　D. 设置输入掩码

38. 假定已建立一个“工资表”，其包含编号、姓名、性别、年龄、基本工资、奖金、扣款和实发工资等字段。若要求用设计视图创建一个查询，查找实发工资在3000元以上(包括3000元)的女职工记录，正确设置查询条件的方法是(　　)。

A. 在“实发工资”的条件单元格输入：实发工资>=3000；在“性别”的条件单元格输入：性别=“女”

B. 在“实发工资”条件单元格输入：>=3000；在“性别”条件单元格输入：“女”

C. 在条件单元格输入：实发工资>=3000 AND 性别=“女”

D. 在条件单元格输入：实发工资>=3000 OR 性别=“女”

39. 数据库中表实施参照完整性以后，错误的是(　　)。

A. 当主表有相关记录，相关表也必须有相同的记录

B. 当主表没有相关记录，就不能将记录添加到相关表

C. 主表的主键更新时，从表的相关字段也会更新

D. 主表的某条记录被删除时，从表的相关记录也会被删除

40. 关于报表的叙述，正确的是(　　)。

(1)可以利用剪贴画、图片或扫描图像来美化报表的外观。

(2)可以在每页的顶部和底部打印标识信息的页眉和页脚。

(3)可以利用图表和图形帮助说明报表数据的含义。

A. (1)(2)　　B. (2)(3)　　C. (1)(3)　　D. (1)(2)(3)

41. 如果一条记录的内容比较少，而独占一个窗体的空间就很浪费，此时可以建立(　　)窗体。

A. 纵栏式　　B. 图表式　　C. 表格式　　D. 数据透视表

42. 下面是在数据表视图的方式下删除记录的叙述，正确的是(　　)。

(1)删除记录分为两个步骤：第一步先选中所要删除的记录；第二步按【Delete】键。

(2)执行删除操作时，系统不会做任何提示便将选中的记录删除。

(3)执行删除操作时，系统会给出提示，让用户进行确认，因为删除的数据是无法恢复的。

A. (1)(2)　　B. (1)(3)　　C. (2)(3)　　D. (1)(2)(3)

43. Access 2010 中的选择查询是最常见的查询类型，它可以(　　)中检索数据。

A. 仅从一个表　　B. 最多从两个表

C. 从一个或多个表　　D. 从一个或多个记录

44. 下面所给的数据类型中，(　　)数据类型不能用来建立索引。

A. 数字　　B. 文本　　C. 日期/时间　　D. 备注

45. 下列有关窗体的描述，错误的是(　　)。

A. 数据源可以是表和查询

B. 可以存储数据，并以行和列的形式显示数据

C. 可以用于显示表和查询中的数据，输入数据、编辑数据和修改数据

D. 由多个部分组成，每个部分称为一个“节”

46. “输入掩码”是用户为数据输入定义的格式，用户可以为(　　)数据设置输入掩码。

A. 文本型、备注型、是/否型、日期/时间型

B. 文本型、数字型、货币型、是/否型

C. 文本型、备注型、货币型、日期/时间型

D. 文本型、数字型、货币型、日期/时间型

47. 下列对数据输入无法起到约束作用的是(　　)。

A. 输入掩码　　B. 有效性规则　　C. 字段名称　　D. 数据类型

48. 如果不想显示数据表中的某些字段，可以使用的命令是(　　)。

A. 隐藏　　B. 删除　　C. 冻结　　D. 筛选

49. 以下列出的关于修改的叙述，其中(　　)是正确的。

(1)修改表时，对于已建立关系的表，要同时对相互关联表的有关部分进行修改

(2)修改表时，必须先将欲修改的表关闭

(3)在关系表中修改关联字段必须先删除关系，并要同时修改原来相互关联的字段。修改之后，重新建立关系。

A. (1)(2)(3)　　B. (1)(2)　　C. (1)(3)　　D. (2)(3)

50. 在用“设计视图”创建报表之初，系统只打开“页面页眉/页脚”和“主体”节，要想打开“报表页眉/页脚”节，可单击(　　)菜单进行选择。

A. 编辑　　B. 视图　　C. 插入　　D. 格式

51. 表“设计视图”包括两个区域：字段输入区和(　　)。

A. 格式输入区　　B. 数据输入区

C. 字段属性区　　D. 页输入区

52. 默认值设置是通过(　　)操作来简化数据输入。

A. 清除用户输入数据的所有字段

B. 用指定的值填充字段

C. 消除重复输入数据的必要

D. 用与前一个字段相同的值填充字段

53. Access 2010 查询的结果总是与数据源中的数据保持(　　)。

A. 不一致　B. 同步　C. 不同步　D. 无关

54. Access 2010 中表和数据库的关系是(　　)。

A. 一个数据库可以包含多个表　B. 一个表只能包含两个数据库

C. 一个表可以包含多个数据库　D. 一个数据库中能包含一个表

55. 数据库(DB)、数据库系统(DBS)和数据库管理系统(DBMS)之间的关系是(　　)。

A. DBMS 包括 DB 和 DBS　B. DBS 包括 DB 和 DBMS

C. DB 包括 DBS 和 DBMS　D. DB、DBS 和 DBMS 是平等关系

56. Access 2010 数据库的核心与基础是(　　)。

A. 表　B. 宏　C. 窗体　D. 模块

57. 下面关于 Access 2010 表的叙述中错误的是(　　)。

A. 在 Access 2010 表中，可以对备注型字段进行"格式"属性设置

B. 若删除表中含有自动编号字段的一条记录后，Access 不会对表中自动编号型字段重新编号

C. 创建表之间的关系时，应关闭所有打开的表

D. 可在 Access 2010 表的设计视图"说明"列中，对字段进行具体的说明

58. 下列关于 OLE 对象的叙述中，正确的是(　　)。

A. 用于输入文本数据　B. 用于处理超级链接数据

C. 用于生成自动编号数据　D. 用于链接或内嵌 Windows 支持的对象

59. Access 2010 数据库系统提供四种查询向导，分别是(　　)。

A. 表　B. 查询　C. 窗体　D. 表和查询

60. Access 2010 数据库中的查询有很多种，其中最常用的查询是(　　)、交叉表查询向导、查找重复项查询向导、查找不匹配项查询向导。

A. 简单查询向导　B. 字段查询向导

C. 记录查询向导　D. 数据查询向导

三、判断题

1. 数据库系统是利用数据库技术进行数据管理的计算机系统。(　　)

2. 表一旦建立，表结构就不能修改了。(　　)

3. 表中的主关键字段不能包含相同的值，但可以为空值。(　　)

4. 报表和表一样，能存储原始数据。(　　)

5. 在输入数据时，记录指针变成了一支铅笔，表明该记录正在被编辑。(　　)

6. 新记录指针总是显示在表的最后一行。(　　)

7. 筛选使得表中只会显示符合条件的记录，其他数据都会放置在符合条件记录的后面。(　　)

8. 在表视图中浏览数据时，可以使用排序按钮对数据进行排序。(　　)

9. 在选择查询中，连接表的默认方法就是把两个表的所有记录合并在一起。（　　）

10. 报表可以执行简单的数据浏览和打印功能，但不能对数据进行比较、汇总和小计。（　　）

第7章

Internet 及其应用

一、填空题

1. 计算机网络是基于________和________发展而来的一种新技术。

2. 在计算机网络中处理交换和传输的信息都是________数据，为区别于电话网中的语音通信，将计算机之间的通信称为________。

3. 数据可以分为________数据和________数据两类。

4. 在通信系统中，信号可分为________信号和________信号。

5. 通信过程中发送信息的设备称为________。

6. 通信过程中接收信号的设备称为________。

7. 任何通信系统都可以看作是由________、________和________三大部分组成。

8. 数据传输模式是指数据在信道上传送所采取的方式。按数据代码传输的顺序可以分为________和________；按数据传输的同步方式可分为________和________；按数据传输的流向和时间关系可分为________、________和________等。

9. 计算机网络，简单地讲，就是将多台计算机通过________连接起来，能够实现各计算机间________的互相交换，并可共享________的系统。

10. 按作用范围的大小可将计算机网络分为________（LAN）、________（WAN）和________（MAN）三种。

11. 根据拓扑结构的不同，计算机网络一般可分为________结构、________结构和________结构三种。

12. ________是网络的核心设备，负责网络资源管理和用户服务，并使网络上的各个工作站共享软件资源和高级外交。

13. ________是 OSI 的最底层，主要功能是利用物理传输介质为数据链路层提供链接，以透明地传输比特流。________是 OSI 参考模型中的最高层，确定进程之间通信的性质，以满足用户的需要。

14. TCP/IP 协议是一个协议族，其中最重要的是________协议与________协议。

15. Internet 的前身是始于 20 世纪 60 年代美国国防部组织研制的________网（高级研究计划署网络）。

16. 我国共有四大网络主流体系，分别为中国科学院的________（NCFC）、国家教委的________（CERNET）、原邮电部的________（CHINANET）和原电子工业部的________

(又称金桥网，或 CHINAGBN)。

17. Internet 可以把世界各地的计算机或物理网络连接到一起，按照一种称为________的协议进行数据传输。

18. 数据总量分割传送、设备轮流服务的原则称为________。计算机网络用来保证每台计算机平等地使用网络资源的技术称为________。

19. IP 协议是________，它提供了能适应各种各样的网络硬件的灵活性，而对底层网络硬件几乎没有任何要求。

20. TCP 协议是________，它向应用程序提供可靠的通信连接，TCP 协议能够自动适应网上的各种变化，即使在互联网暂时出现堵塞的情况下，也能够保证通信的可靠。

21. 在 Internet 上必须为每一台主机提供一个独有的标识，使其能够明确地找到该主机的位置，该名称就是________，它有________和________两种形式。

22. 域名采用层次结构，每一层构成一个子域名，子域名之间用圆点“.”隔开，自左至右分别为________。

23. Internet Explorer 简称 IE，是 Microsoft 公司推出的________。

24. WWW 是一个采用________的信息查询工具，它可以把 Internet 上不同主机的信息按照特定的方式有机地组织起来。

25. 出现在地址栏的信息是访问网页所在的网络位置，称为________(“统一资源定位器”)链接地址。

26. URL 的基本格式为________。

27. ________可以将网站地址永久地保存起来，下次再浏览该 Web 页时就可以直接选择需要的浏览网址。

28. 要给别人发送电子邮件，首先必须知道对方的________和自己的________。电子邮件(E-mail)地址具有统一的标准格式________。

29. 使用电子邮件，首先要有自己的________，这样才能发送邮件及让别人知道把信件发送到什么地方。

30. 申请到免费电子邮箱以后，就可以通过邮箱管理页面发送电子邮件了，即平时所说的________发送邮件。

31. ________是 Internet 上执行信息搜索的专门站点或工具，它们可以对主页进行分类、搜索和检索。

32. FlashGet 是一款免费的________软件。

33. 如果希望在自己的计算机中查看网站的内容，可以使用软件将网站下载到自己的计算机中进行浏览，并且不需要连接网络，这种软件一般称为________。

34. ________是网站信息发布与表现的主要形式之一。

35. ________作为 Office 系列程序之一，是“所见即所得”、功能强大和使用简单的网页编辑工具，是初学网页制作用户创作网页较好的工具之一。

二、选择题

1. 下列不属于网络操作系统的是(　　)。

A. Windows 2010　　B. Windows 7

C. Windows 2000 Server　　D. SunOS

2. 经过调制后，可以在公用电话线上传输的模拟信号的传输称为(　　)。

A. 宽带传输　　B. 基带传输　　C. 模拟信号传输　　D. 数字数据传输

3. 目前局域网的主要传输介质是(　　)。

A. 光纤　　B. 电话线　　C. 同轴电缆　　D. 微波

4. 将计算机联网的最大好处是可以(　　)。

A. 发送电子邮件　　B. 视频聊天　　C. 资源共享　　D. 获取更多的软件

5. 网络协议是指(　　)。

A. 网络操作系统

B. 网络用户使用网络时应该遵守的规则

C. 网络计算机之间通信时应遵守的规则

D. 用于编写网络程序或者网页的一种程序设计语言

6. 在 OSI 网络模型中进行路由选择的层是(　　)。

A. 会话层　　B. 网络层　　C. 数据链路层　　D. 应用层

7. 在 OSI 网络模型中，向用户提供可靠的端到端服务的功能层是(　　)。

A. 会话层　　B. 网络层　　C. 数据链路层　　D. 传输层

8. 下列不属于 TCP/IP 参考模型的功能层是(　　)。

A. 应用层　　B. 会话层　　C. 网络层　　D. 物理链路层

9. 计算机网络的拓扑结构不包括(　　)。

A. 星形结构　　B. 总线型结构　　C. 环形结构　　D. 分布式结构

10. (　　)是国内第一个以提供公共服务为主要目的的计算机广域网。

A. NCFC　　B. CERNET　　C. CHINANET　　D. CHINAGBN

11. 以“com”结尾的域名表示的机构为(　　)。

A. 网络管理部门　　B. 商业机构

C. 教育机构　　D. 国际机构

12. 以“cn”结尾的域名代表的国家为(　　)。

A. 美国　　B. 中国　　C. 韩国　　D. 英国

13. Internet 的简称是(　　)。

A. 局域网　　B. 广域网　　C. 互联网　　D. 城域网

14. 目前，互联网上最主要的服务方式是(　　)。

A. E-mail　　B. WWW　　C. FTP　　D. CHAT

15. 调制解调器的功能是实现(　　)。

A. 数字信号的编码　　B. 数字信号的整形

C. 模拟信号的放大　　D. 模拟信号与数字信号的转换

16. 个人计算机与 Internet 连接除了需要电话线、通信软件外，还需要(　　)。

A. 网卡　　B. UPS　　C. Modem　　D. 服务器

17. 互联网上的服务都是基于一种协议，其中 WWW 服务是基于(　　)协议。

A. SMIP　　B. HTTP　　C. SNMP　　D. TELNET

18. IP 地址由(　　)位二进制数字组成。

A. 8　　B. 16　　C. 32　　D. 64

19. 下列 IP 地址为合法 IP 地址的是(　　)。

A. 202. 10. 960. 101　　B. 210. 12. 4

C. 202，12，54，34　　D. 20. 0. 0. 1

20. Internet 中的一级域名 EDU 表示(　　)。

A. 非军事政府部门　　B. 大学和其他教育机构

C. 商业和工业组织　　D. 网络运行和服务中心

21. Internet 使用一种称为(　　)的专用机器将网络互连在一起。

A. 服务器　　B. 终端　　C. 路由器　　D. 网卡

22. Internet 中主要的互连协议为(　　)。

A. IPX/SPX　　B. WWW　　C. TCP/IP　　D. FTP

23. 计算机网络中广泛采用的交换技术是(　　)。

A. 线路交换　　B. 信源交换　　C. 报文交换　　D. 分组交换

24. 如果想要连接到一个安全的 WWW 站点，应以(　　)开头来书写统一资源定位器。

A. shttp://　　B. http: s//

C. http://　　D. htps://

25. 要设定 IE 的主页，可以通过(　　)来实现。

A. Internet 选项中的“常规”选项卡　　B. Internet 选项中的“内容”选项卡

C. Internet 选项中的“地址”选项卡　　D. Internet 选项中的“连接”选项卡

26. 以下电子邮件地址正确的是(　　)。

A. hnkjapublic. tj. com　　B. publictjcn@hnkj

C. hnkj@publictj. com　　D. hnkj@public. tj. com

27. 用户想使用电子邮件功能，应当(　　)。

A. 向附近的一个邮局申请，办理一个自己专用的信箱

B. 把自己的计算机通过网络与附近的一个电信局连起来

C. 通过电话得到一个电子邮局的服务支持

D. 使自己的计算机通过网络得到网上一个电子邮件服务器的服务支持

28. 电子邮件是一种计算机网络传递信息的现代化通信手段，与普通邮件相比，它具有(　　)的特点。

A. 免费　　B. 安全　　C. 快速　　D. 复杂

29. 网页中一般不包含的构成元素是(　　)。

A. 背景　　B. 表格　　C. 应用程序　　D. 文字

30. 用 FrontPage 建立一个网页文件后，默认保存的文件格式为(　　)。

A. doc　　B. htm　　C. txt　　D. gif

31. 更改网页标题可以在(　　)时实现。

A. 新建网页　　B. 打开网页　　C. 保存网页　　D. 预览网页

32. HTML 语言是一种(　　)。

A. 低级语言　　B. 标注语言　　C. 程序算法　　D. 汇编语言